天文學家的超有趣
宇宙教室

回答孩子的30個單純問題
就能知道太空科學的最新知識

津村耕司／著　陳朕疆／譯

前言

各位對「宇宙」一詞有什麼樣的印象呢？感覺會聽到「離我們太遠了所以沒什麼特別的印象」、「感覺很難」之類的回答。至少，在我們周圍應該很少人會覺得自己的生活和「宇宙」有關。就我自己而言，當我介紹自己是「天文學家」的時候，還會聽到「原來現在的日本還有天文學家啊」之類的回應（苦笑）。社會大眾對於「宇宙」這個詞總有著遙遠、陌生的印象。

另一方面，宇宙卻也是人類相當熟悉的學問，甚至可以說「天文學是世界最古老的學問」。對於過去的人們來說，天文學可以告訴他們「哪個季節最適合播種」、「航海時的自身位置」等資訊，與當時人們的生活密切相關。現在被認為「與日常生活無關」的天文學，過去卻是「活在世界上不可或缺的實在學問」。

不過，過去的人們也不是一開始就知道「觀察天空」可以幫助自己知道季節和位置。人們要先發現太陽與星空的運動會以一年（365天）為週期規律性地變化，才能藉由星空判斷季節；人們要先知道地球是圓的，才能藉由觀察星空知道自己現在的位置。也就是說，在天文學成為「有用」的學問以前，人們已觀察過很長一段時間的天空、發現各天體的運動規則、知道地球是圓的、實際測出地球的大小，並知道太陽比地球還要大很多。這些都是西元前發生的事。

為什麼人類會持續觀察天空呢？或許就是因為好奇心吧。「這裡是哪裡？我是誰？」許多人都會自然而然地產生這樣的疑問。自古以來，人類就不是有目的地觀察天空，只是因為「想要知道」的欲望而這麼做。這些人類長久以來所抱持的單純問題中，有些問題在現代已得到答案，像是「這個大地（地球）長什麼樣子呢？」、「太陽是如何燃燒的呢？」等；有些問題正好是現代天文學的尖端研究主題，像是「這個世界（宇宙）是如何誕生的呢？」、「除了我們所居住的這個世界（地球）之外，還有其他世界（系外行星）存在嗎？」等；有些則是連現代天文學都無法回答的問題，像是「地球以外的地方存在生命嗎？」、「時空旅行可行嗎？」等。

在忙碌的現代社會中，或許我們已經沒有太多時間來仔細思考這些「單純的問題」。不過，人類之所以是人類，就是因為我們有「想要知道」的求知欲與好奇心。

其中，這個傾向最明顯的就是「孩子」了吧。孩子們看到充滿著未知事物的世界時，會產生多樣卻又單純的疑問，對每個事物都抱有興趣。許多孩子們天真而單純的疑問，其實也都是人類在漫長歷史中一直抱持著的疑問。其中也包括了想要了解這個世界（地球或宇宙）本質的疑問。

本書就是為了滿足這樣的好奇心而寫成的。本書大致上可分為六大主題。第一個主題中會回答與我們最親近的「地球」有關的疑問，第二個主題中會回答與「太陽和星星」有關的疑問。這些都是存在於你我周遭的星體，故自古以來人們便從各種角度研究它們，至今我們已對這些星體有相當程度的理解。第三個主題中會回答與「銀河和星系」有關的疑問，第四個主題中則會回答與「系外行星」有關的疑問。在我們使用大型望遠鏡觀察到這些「外面的世界」後，才開始有了這些疑問。大約從一百年前開始，人們才逐漸了解到星系的存在，而系外行星更是不到三十年前才出現的話題，可以說是現代天文學中最尖端的內容。在本書後半，第五個主題中會回答與「外星生命」有關的疑問，第六個主題中則會回答與「時光機」有關的疑問。這些都是目前的科學未能回答的問題。

本書是以和孩子對話的方式，由天文學的老師來回答這些「單純的問題」，所以就算完全沒有相關的宇宙基礎知識，也能輕鬆閱讀。

接著，就讓我們從這些單純的疑問開始，展開壯大的宇宙旅程吧。

津村耕司

CONTENTS

第2章

太陽是什麼樣的星體呢？

第3章

為什麼夜空中會有銀河呢？

第4章

存在另一個地球嗎？

第5章

外星人存在嗎？

第6章

我們做得出時光機嗎？

第1章

地球是什麼樣的地方呢？

地球真的是圓的嗎？

我們知道「地球是圓的」，也知道「地球繞著太陽轉」。但請你先停下來思考一下。為什麼我們會知道這些事呢？直覺上，我們應該會認為「地面是平的」、「太陽、月亮、星星在天空中移動」才對。為什麼我們會說地球是圓的，又說在動的不是太陽或星星，而是地球呢？許多人認為這很理所當然，但如果追問他們理由，多半也答不太上來。在本書的一開始，就讓我們先來談談與地球有關，又常被我們認為是「理所當然的事」吧。

首先，第一個問題是「地球真的是圓的嗎？」，讓我們一起想想看吧。

你會感覺自己站在地球這顆球上嗎？環顧四周，在可以看到的範圍內，地球看起來應該是一片平坦才對。不過，在西元前就有許多人提出各式各樣的證據，證明地球

圖1-1 在圓形地球上逐漸駛近的船隻外觀變化，以及視線所及的海平面範圍

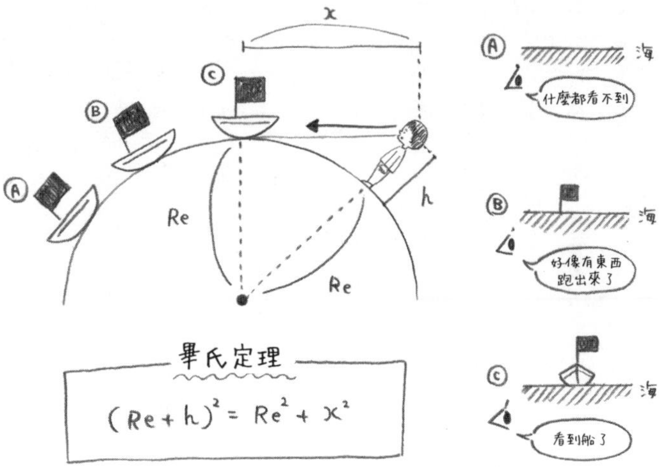

是圓的了。現在，地球是圓形的證據主要包括以下五點。

①觀察從遠方駛近的船隻時，總是會先看到帆的頂端

這點可參考圖1-1。當遠方船隻駛近時，我們一開始會先看到該船的上部，之後才漸漸看到整艘船的樣子。這件事從很久以前便廣為人知。

順帶一提，站在海岸上時，可以看到多遠的海面呢？請試著想想看吧。如圖1-1所示，欲求之海面最遠可見距離x，與地球的半徑Re，以及視線高度h之間會符合**畢氏定理**。將地球的半徑Re以

6371km代入，視線高度h以160cm代入，便可得到x＝4・5km。海面上的可見距離意外地短對吧。

②**月食**時，映照在月球上的地球影子形狀永遠是圓形

這個證據亦在西元前的古希臘時代便廣為人知。當地球的影子擋住滿月時，就會造成月食，而這個影子的邊緣一直都是圓形（圖1-2）。如果這確實是地球的影子的話，我們便知道，不管光從哪個方向照向地球，影子都會是圓形。換言之，地球是一顆球。

③在不同地方觀察天空，星體的高度也會不同

因為地球是圓的，所以在不同地方看到的星體高度也會不一樣。要是地球是平的，那麼在某個時間點，從地球上任何一個地方看到的太陽或特定星體都會在同樣的高度上。但因為地球是圓的，所以不同地方看到的星體高度會不一樣。

舉例來說，如圖1-3的左圖所示，在春分與秋分的正午時刻，赤道上的人們會看到太陽在自己的正上方；南北極的人們則會看到太陽剛好在地平線上；在北緯35

圖1-2 **月全食時，出現在月面上的地球影子**

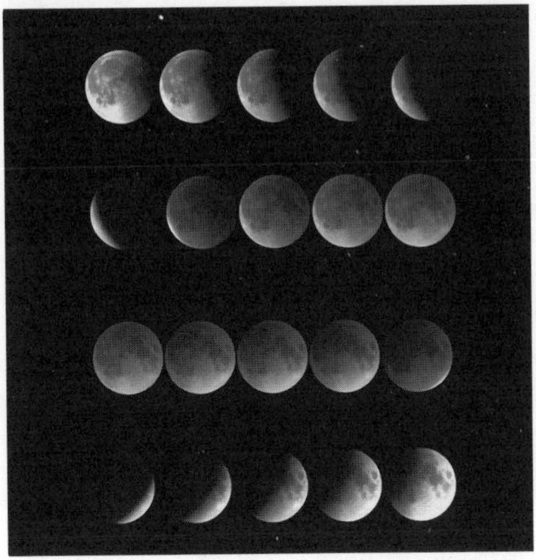

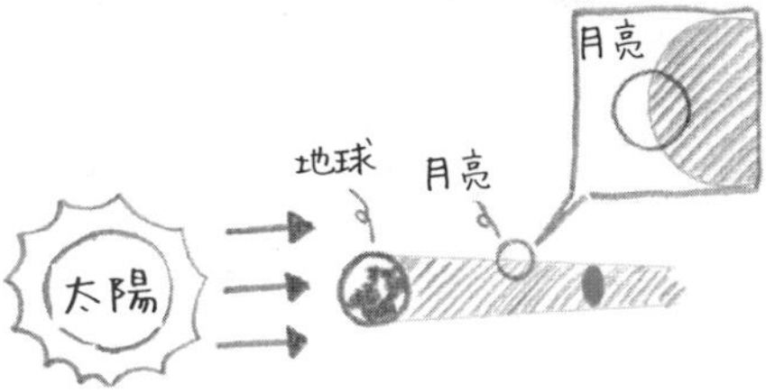
地球是球狀的話，
影子會是圓形。

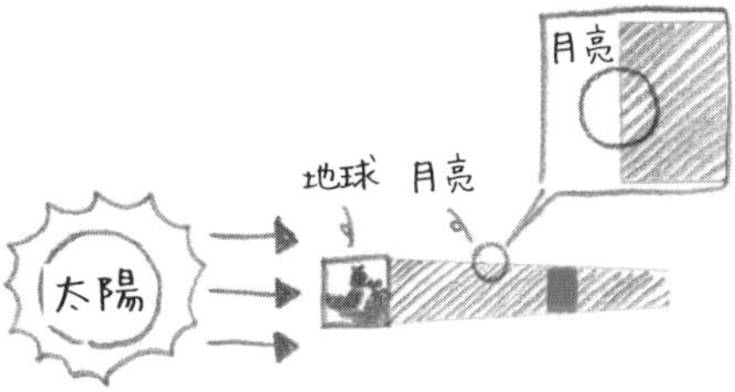
地球不是球狀的話，
影子就不會是圓形。

度的日本，則會看到太陽在仰角55度的地方[*1]。而在夏至的正午時刻，如圖1-3的右圖所示，北迴歸線上的人們會看到太陽在自己的正上方；北極的人們則會看到永不下沉的太陽（永晝），相反地，南極的人們則永遠看不到太陽升起（永夜）。

當太陽在我們的正上方時，不會產生影子。這個瞬間又被稱為「拉海納正午（Lahaina Noon）[*2]」。

不只是太陽，夜空中的各個星星也有一樣的現象。在北極看向天空時，會發現**北極星**永遠在正上方；在赤道看向天空時，則會看到北極星在地平線上。北半球和南半球看到的星空不同，也是因為地球是圓形的關係。

距今兩千兩百年前，**厄拉托西尼**便利用了這個原理來測定地球的大小。他原本在亞歷山卓的圖書館工作。有一次，他聽說在夏至的正午時分，賽印（Syene）的太陽會位於正上方。於是他測量了亞歷山卓在夏至時的太陽仰角。並由測量結果知道，亞歷山卓與賽印的距離是地球周長的50分之1（圖1-3下）。

＊1　太陽在正午時的仰角為
- ・春分與秋分：太陽在正午時的仰角＝90度－觀測地的緯度
- ・夏至：太陽在正午時的仰角＝90度－觀測地的緯度＋23.4度
- ・冬至：太陽在正午時的仰角＝90度－觀測地的緯度－23.4度

這裡的23.4度為地球的地軸傾斜角。

＊2　這個詞是夏威夷的博物館在1990年代時公開募集的名稱。

圖1-3 由太陽的仰角與高度來測量地球的大小

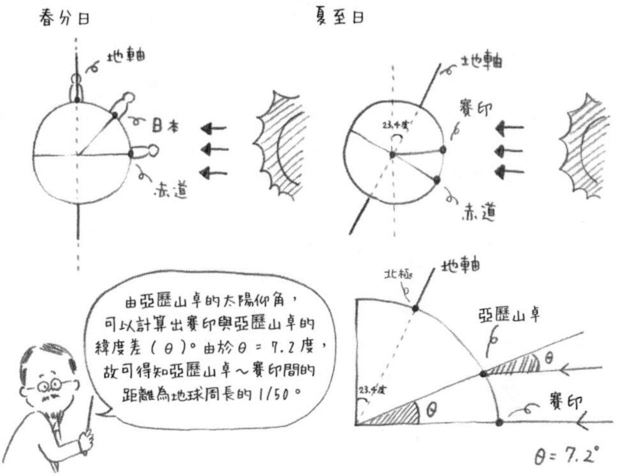

再來是近代發生的事。距今約兩百年前的江戶時代，伊能忠敬製作出了精密的日本地圖。不過，他一開始製作地圖的動機，卻是想藉由江戶（東京）與蝦夷地（北海道）所看到的北極星仰角差異，測量地球的大小。然而，忠敬必須獲得幕府的許可，才能前往蝦夷地測量北極星的仰角。但是，江戶幕府不可能因為測量地球大小這種理由就給他前往蝦夷地的許可。

另一方面，這時候的蝦夷地有著來自俄羅斯的壓力，故江戶幕府在國防上需要蝦夷地的正確地圖。因此，忠敬便以繪製蝦夷地的精確地圖為名義，獲得了前往蝦夷地的許可。換言之，繪製地圖只是伊能忠敬表面上的理由，他真正的目的其實是想實現測量地球大小的願望。

④麥哲倫艦隊成功繞地球一周

世界上第一個以最直接的方式證明「地球是圓的」的人，就是繞行地球一周的**斐迪南・麥哲倫**。

一五一九年九月，麥哲倫艦隊以五艘帆船、兩百七十名船員的規模出航。當時的歐洲人還不知道太平洋的存在，他們以為剛發現的美洲大陸是亞洲的東側。因此，他們當初的目的其實是繞過美洲的南側，開闢一條往印度的航路。一五二〇年十月時，他們抵達南美洲南端時發現了麥哲倫海峽，從南美大陸的西側駛出。這時在他們眼前的便是未知的太平洋。當時的人們還不曉得太平洋的存在，船員們放眼望去全部都是海洋，完全找不到任何能補給食物的島。

對當時的麥哲倫艦隊來說，這無疑是一次嚴酷的旅程。不過在超過三個月的航海期間內，海象一直相當平穩，這就是太平洋這個名字的由來。之後，他們在快要餓死的狀態下，抵達了關島。接著麥哲倫在菲律賓戰死，艦隊在出航約三年後回國，這時只剩下二十一人[*3]。

順利回國的其中一人——安東尼奧・皮加費塔，在航海期間記錄下了每一天發生的事件。由這份航海日誌，我們可以知道艦隊在看不到北極星的南半球航行時，是靠著夜空中的一個星雲指引方向的。這就是現在名為「**麥哲倫星雲**」的天體。

安東尼奧・皮加費塔的航海日誌還提示了一個很重要的概念。在繞行世界一周的壯舉接近尾聲時，這本沒有遺漏任何一天紀錄的航海日誌說明這天應該是星期三才對，但當地的日期卻是星期四。這個一日的差距，也是地球是圓形的證據，它證明了麥哲倫艦隊確實繞了地球一周。地球自轉一周就是一天，但麥哲倫一行人往西繞地球一圈，與地球的自轉方向相反，故和其他人相比，麥哲倫等人少經歷了一次地球的自轉。因為當時的人們沒有**換日線**的概念，所以才會產生這樣的矛盾。現在的換日線設定在太平洋上，要是通過這條線，日期就必須往前一天或往後一天，藉此消除這種矛盾。

***3** 這二十一人還包括了中途上船的三人，所以真正完成了繞地球一周壯舉的人只有十八人。

圖1-4 麥哲倫繞地球一周的航路

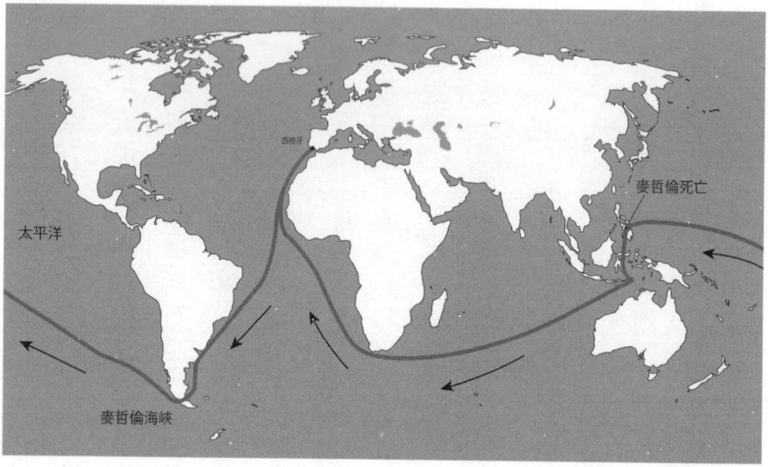

⑤由人造衛星拍的照片看出地球是圓形

到了現代，已經沒有人會懷疑「地球是圓形」了。人造衛星拍的地球照片就是鐵證。看到這樣的照片，不管是誰都會接受「地球是圓形」的事實了吧。

地球正在旋轉嗎？

知道地球是圓形之後，讓我們再來想想看「地球真的在旋轉嗎？」這個問題吧。一開始，「地球正在自轉」的概念沒那麼容易被人們接受。反對地球正在旋轉的人們會提出類似這樣的說法：

「要是地球正在旋轉的話，當我們跳向空中再回到地面上時，應該會和起跳的位置不同才對。但是，我們落下的地點和我們起跳的地點完全相同，所以地球不可能在旋轉。」

原來如此，乍聽之下似乎有其道理。那麼，我們該如何反駁這樣的想法呢？

我們可以用「**慣性定律**」來反駁這樣的想法。所謂的慣性定律，指的是當物體沒有受力的時候，這個物體會持續進行**等速直線運動**。

舉一個簡單的例子，假設你正在搭乘一列前進中的電車，如圖1-5所示。當你

放開手中的球時，球會像圖中一樣落在腳邊對吧。這是為什麼呢？可能有人會回答「因為球被電車內的空氣推著走」，但可惜的是，這個答案並不正確。就算是在敞篷車之類不會被空氣推著走的環境中做實驗，放開的球一樣會落在腳邊[*4]。

那麼，為什麼球會落在腳邊呢？我們可以用慣性定律來說明。在電車內拿著球時，這顆球會和電車以相同的速度橫向前進。當我們放開球時，球會因為垂直方向的重力[*5]而往下移動（也就是掉落）。放開球時，球在水平方向並沒有受到新的力。因此由慣性定律可以知道，球在水平方向的運動狀態不會變化。球會在水平方向上以同樣的速度持續移動，故當我們放開球時，球會落在腳邊。

這和我們從地面往上跳是一樣的。我們原本就和地球以同樣的速度旋轉著，當我們跳起來的時候，旋轉的速度也不會改變。所以當我們落下時，會回到原本起跳的點。因此，這不能成為地球沒有在轉動的證據。

＊4 不過，要是敞篷車前進速度快到讓人覺得有風吹過的話，球很有可能不會落在腳邊，所以實驗時請讓敞篷車以走路的速度前進。

＊5 嚴格來說，拿著球的時候，往下的重力與往上的「支撐球的力」會達到平衡，合力為零。但當球離開手的瞬間，支撐球的力會消失，使球僅受到往下的重力，此時球便會往下移動（掉落）。

圖1-5 慣性定律

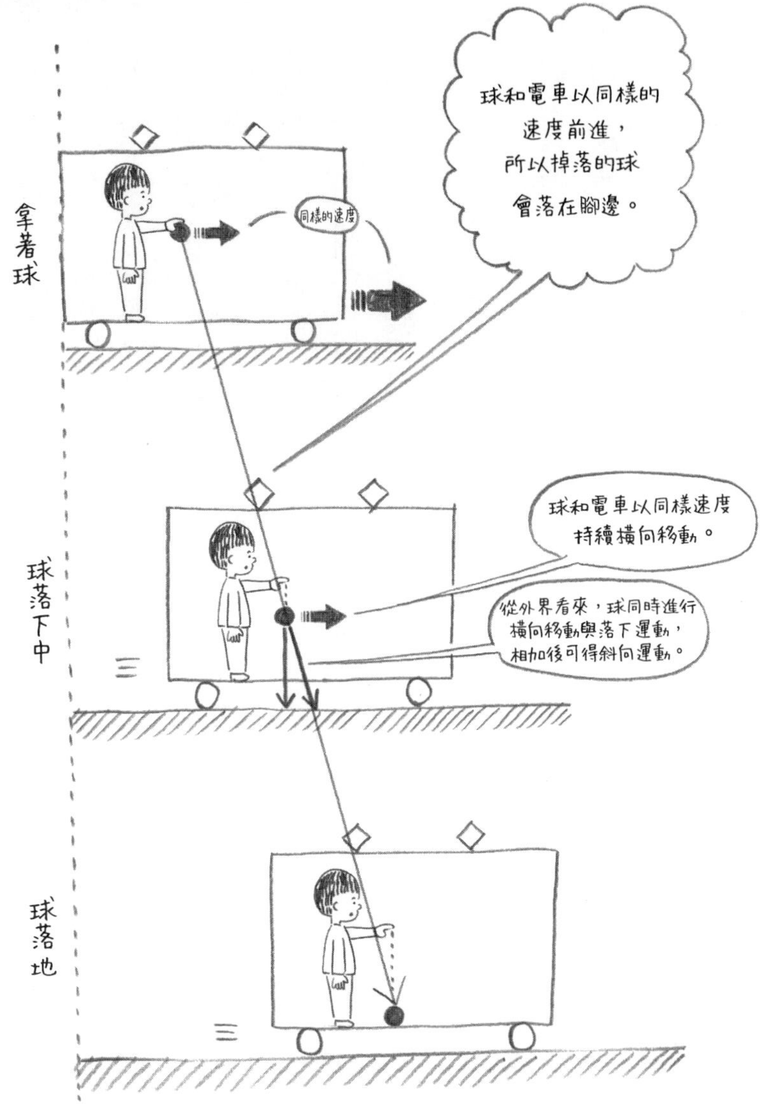
球和電車以同樣的速度前進，所以掉落的球會落在腳邊。
拿著球
同樣的速度
球落下中
球和電車以同樣速度持續橫向移動。
從外界看來，球同時進行橫向移動與落下運動，相加後可得斜向運動。
球落地

乍看之下，慣性定律違反了「日常生活中的常識」。在我們的印象中，前進中的物體總有一刻會停下來。因此會認為與慣性定律相反，「若不持續施加力量，物體便無法維持同樣的速度」是情有可原的事。然而，運動中的物體之所以會停下來，是因為該物體受到了與空氣的摩擦力或空氣阻力，使其逐漸變慢。如果是在太空之類的真空環境下，沒有空氣阻力也沒有空氣摩擦力，當我們把球丟出去時，這顆球就會持續前進而不會停下來。

證明地球正在自轉的證據中，有一個相當有名的例子，那就是「**傅科擺**」。一八五一年時，里昂・傅科的公開實驗中，首次以實驗證明了地球正在自轉。現在日本許多地方的科學館也可以看到傅科擺，有機會的話請各位一定要去看看。

如果靜靜看著傅科擺一陣子，會發現傅科擺的擺動方向（振動面）在北半球會順時鐘緩慢地旋轉，在南半球則會逆時鐘緩慢地旋轉。許多科學館內的傅科擺底下會放置骨牌，讓擺錘擺盪一段時間後推倒骨牌，藉此顯示出振動面的轉動。而振動面的轉動正是地球自轉的證據。

圖1-6 傅科擺的原理

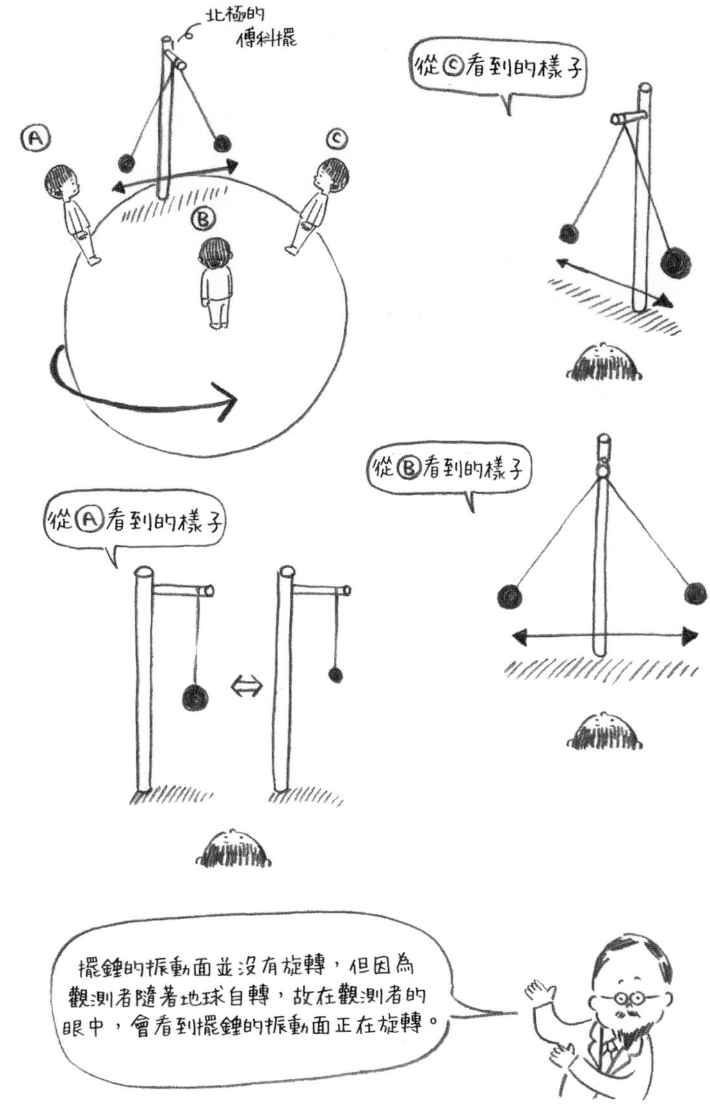
北極的傅科擺
Ⓐ
Ⓑ
Ⓒ
從Ⓒ看到的樣子
從Ⓑ看到的樣子
從Ⓐ看到的樣子
擺鐘的振動面並沒有旋轉，但因為觀測者隨著地球自轉，故在觀測者的眼中，會看到擺鐘的振動面正在旋轉。

要解釋這種振動面旋轉的原理不是件容易的事[*6]，這裡就讓我們考慮一個相對單純的情況，那就是一個位於北極的單擺振盪的樣子（圖1-6）。從宇宙看這個單擺時，擺錘會一直在同一個面上振盪。另一方面，因為地球正在自轉，所以當位於地球上的我們觀察這個單擺時，會覺得這個單擺像是在旋轉的樣子。也就是說，傅科擺的振盪方向看起來之所以一直在轉動，並不是因為單擺在旋轉，而是我們所在的地球正在旋轉。

＊6 和地球自轉時所產生的「科氏力」有關。

難道不是太陽繞著地球轉嗎？

考慮過地球的自轉之後，接著讓我們來想想看地球的公轉吧。**地動說**是認為地球繞著太陽轉動的假說。另一方面，**天動說**則是認為太陽繞著靜止的地球轉動的假說。自古以來，人們都對天動說深信不疑。這也是沒辦法的事，因為在平常生活中，我們很難實際感受到地球的運動。相對的，人們每天都可以看到太陽從東方升起、西方落下，自然會認為動的是太陽而不是地球。

十六世紀的尼古拉・哥白尼的地動說在世人之間廣為流傳。但事實上，第一個提出地動說的並不是哥白尼，在西元前就有許多學者提出了類似的觀點。其中最令人刮目相看的是古希臘的**阿里斯塔克斯**。阿里斯塔克斯是人類歷史上第一個提出地動說證據的人。那麼，阿里斯塔克斯又是做了什麼樣的測定，讓他推論出「動的不是太陽而是地球」這種與直覺相反的假說呢？讓我們一起來看看他的思路吧。

圖1-7 阿里斯塔克斯的測定

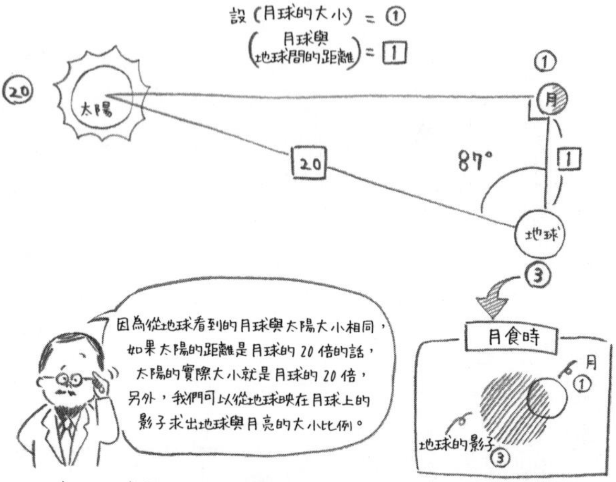
設（月球的大小）＝①
（月球與地球間的距離）＝ 1
⑳
太陽
①
月
20
87°
1
地球
③
月食時
月
①
地球的影子
③
因為從地球看到的月球與太陽大小相同，
如果太陽的距離是月球的20倍的話，
太陽的實際大小就是月球的20倍，
另外，我們可以從地球映在月球上的
影子求出地球與月亮的大小比例。

※這裡列出的數值是西元前的阿里斯塔克斯計算出來的數值，和實際數值有些差異。

阿里斯塔克斯首先比較太陽與月亮的大小。從地球上看，太陽與月球的大小大致相同，不過這只是單純的偶然。因為月亮會反射太陽的光而發光，所以在半月時，地球—月球—太陽的角度應為90度。再來只要測出此時地月連線與地日連線的夾角，也就是月球—地球—太陽的角度，就可以由三角形計算出地月距離與地日距離的比例（圖1-7）。

阿里斯塔克斯測量出上述的夾角為87度，計算出地日距離大約為地月距離的20倍[*7]。因為地日距離是地月距離的20倍，太陽與月亮看起來卻一樣大，由此可以知道太陽是月球的20倍大。

除了太陽與月球的大小之外，讓我們試著也將地球大小放進來比較吧。

這時我們需要用到月食。月食是地球的影子遮住月亮的現象。換言之，月食時在月球表面上的黑影，就是地球的影子（圖1-2）。如果將這個影子的大小視為地球的大小，可以得到地球約為月球的3倍大[*8]。由以上的計算，阿里斯塔克斯求出太陽、地球、月球的大小比例為「太陽：地球：月球＝20：3：1」。也就是說，太陽約是地球的7倍大。

想像一下，大小是地球7倍大的太陽，繞著小小的地球轉動，是不是有些不自然呢。考慮到這點，阿里斯塔克斯認為，靜止的應該是太陽，而地球則繞著太陽旋轉。

阿里斯塔克斯依據科學的測量結果推導出地動說。過了近兩千年，**伽利略・伽利萊**才在這個領域繼續往前邁進了一大步。當時哥白尼已經發表了地動說，但是提出觀測證據，首次證實地動說的卻是伽利略。

*7　事實上，這個角度應為89.85度，地日距離則是地月距離的約400倍。
*8　事實上，映在月球上的地球影子比地球本身還要小。實際的地球大小約為月球的4倍。

伽利略是第一個用**天文望遠鏡**觀察夜空的人。用望遠鏡可以看到許多肉眼看不到的細微結構，以及昏暗的天體。第一個以望遠鏡觀察夜空的伽利略，陸續得到了許多人類史上的大發現。不管是太陽黑子的存在、月球並非完美球體，而是有凹凸不平的表面（有許多撞擊坑）、繞著木星轉的4顆衛星（伽利略衛星）、首次觀測到土星環[*9]、銀河是由許多昏暗的星體集合而成等等，這些都是伽利略的發現。

這些發現中有一件特別重要的事，那就是「**金星的盈缺**」。這也是能直接證明是地球繞著太陽轉（地動說），而非太陽繞著地球轉（天動說）的證據。

當時的天動說認為，金星必定是在地球與太陽之間的一個圓形軌道上繞行（圖1-8）。如果是這樣的話，地球和金星的距離可視為幾乎不變，而且太陽必定在金星的斜後方，金星反射太陽光後應該會看起來像「新月」狀才對。

然而伽利略所觀測到的金星卻有著盈缺變化。金星有時候會呈

***9** 不過，這時的伽利略還不曉得這是一個環，而是留下了「土星有耳朵」的紀錄。直到約四十年後，克里斯蒂安・惠更斯才首先指出這是一個環狀結構。

現新月狀，有時卻會呈現滿月狀。另外，金星的大小有很大的變化，這代表地球與金星的距離也有很大的變化。而且，新月狀的金星看起來比較大，滿月狀的金星看起來比較小。在地動說的模型中，金星便可能出現這樣的盈缺（圖1-8）。以太陽為中心，內側的金星與外側的地球皆繞著太陽旋轉的模型，便可完美解釋伽利略所觀察到的金星盈缺變化。因此，就算伽利略受到宗教審判，亦不能動搖地動說的真實性。

日本的國中理科課程中就有教到金星的盈缺，不過金星的盈缺在國中理科課程中是個不怎麼顯眼的單元。這也無可厚非，要是不用望遠鏡的話就看不到金星的盈缺，學了又有什麼用呢？人們理所當然會這麼想。

不過，在知道「金星的盈缺其實是地球繞著太陽轉的證據」之後，你又會有什麼新想法呢？對金星的盈缺是否有不同印象了呢？在國中理科這種義務教育中介紹金星盈缺變化時，不只要說明金星的外觀會有盈缺變化，也應該要一起說明地動說、天動說才有意義。這也有助於培養「科學的思考方式」。

有兩個彼此對立的理論時，我們可以用實驗（觀察）來確定這些理論的真偽，這種思考方式就是構成科學的骨幹。從天動說轉變到地動說，金星的盈缺可以讓學生們再次體驗到這個人類史上最大的典範轉移，我認為沒有比這更好的教材了。如果讀者

圖1-8 金星的盈缺

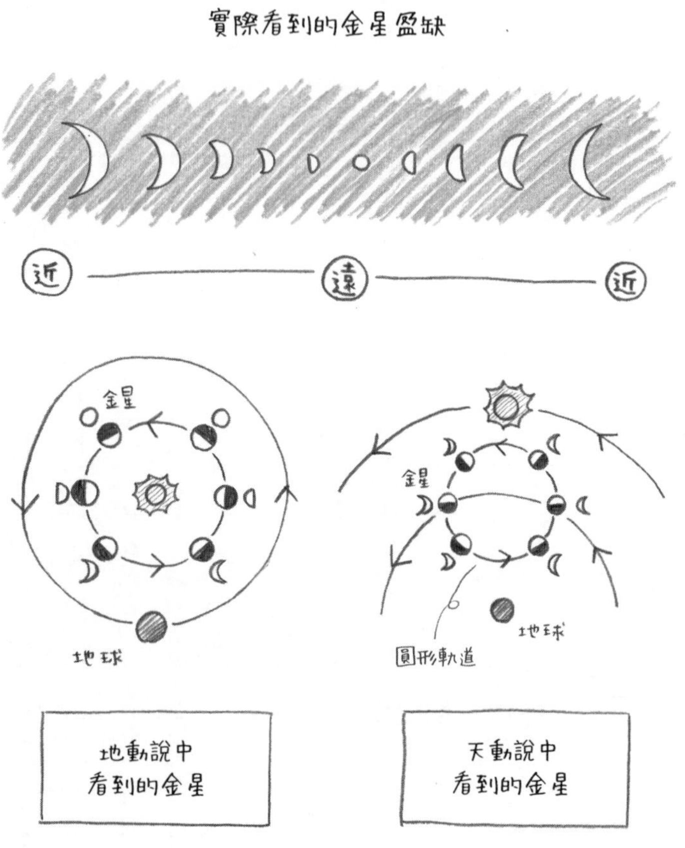
實際看到的金星盈缺
近
遠
近
金星
地球
金星
地球
圓形軌道
地動說中
看到的金星
天動說中
看到的金星

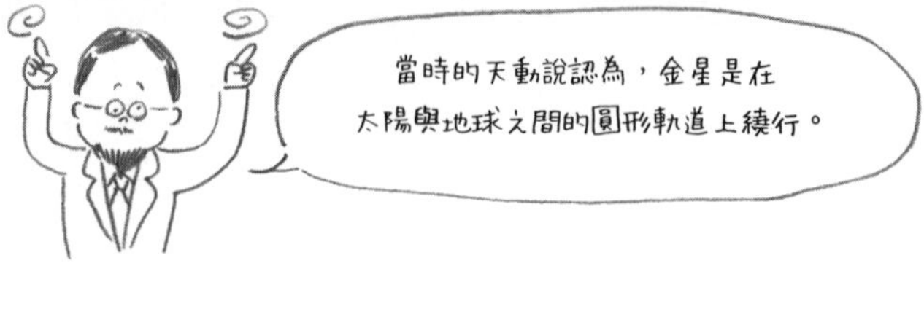
當時的天動說認為，金星是在
太陽與地球之間的圓形軌道上繞行。

中有人的身分是學校老師、補習班老師、家庭老師、父母，需要教導國中生的話，一定要告訴孩子們，金星的盈缺正是地動說的直接證據。要是有機會的話，還可以帶孩子到附近的天文台，試著用望遠鏡觀察金星，透過金星的盈缺，「實際感受」到「地球繞著太陽轉」這種生活在現代的我們視為理所當然的事。

為什麼不同季節看到的星座會不一樣呢？

不同季節之所以會看到不一樣的星座，是因為地球繞著太陽公轉。地球朝著太陽的一面是白天，白天的陽光使我們看不到星星，只有背對太陽的一面，也就是夜晚那一面的地球可以看到星空（圖1-9）。由於地球繞太陽一圈需要花一年，故地球上看到的星空也會以一年為週期循環變化。

白天時，因為陽光太亮使我們看不到星星，但星星還是在那裡。因此，我們可以定出白天時太陽在星空背景中的位置。太陽在星空中的位置會因地球的公轉而移動，一年後會回到原來的位置。而「太陽在星空的移動路徑」，就稱做「**黃道**」。黃道上有十二個星座，這十二個星座就是我們熟知的生日星座。生日時，太陽所在的星座就是一個人的太陽星座。因此，在自己的生日時應該看不到自己的太陽星座才對，生日的半年後才是這個星座的最佳觀賞時間。

圖1-9 地球的公轉與黃道十二星座

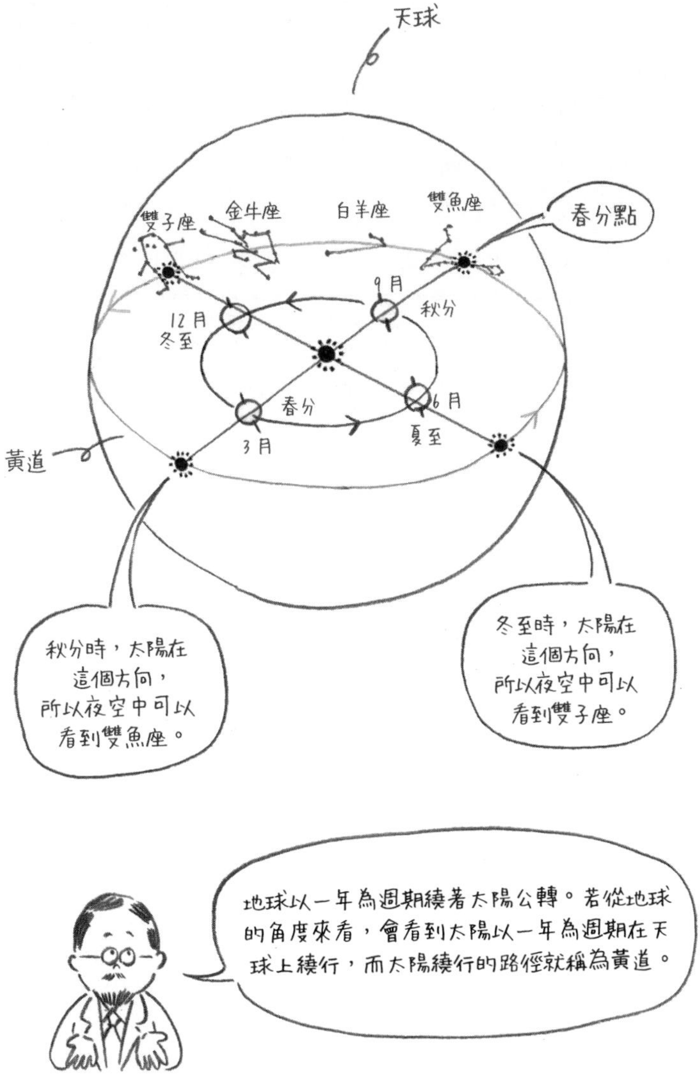

距今約兩千五百年前便已有了太陽星座的原型。不過隨著時間的流逝，現在的十二星座已和當時產生了一些誤差。

舉例來說，生日在春分（三月二十日左右）的人為白羊座。在兩千五百年前，這天的太陽位置（春分點）確實是在白羊座，但是到了現代，這天的太陽卻在雙魚座（圖1-9）。因此，到了現代，「我的太陽星座是白羊座」這句話已經和天文上的意義有所落差。那麼，為什麼會產生這樣的落差呢？這個落差是來自於地球自轉軸的運動所產生的「**歲差**」。

各位有轉過陀螺嗎？轉陀螺時，如果陀螺的旋轉軸傾斜的話，旋轉軸本身也會跟著旋轉。這就是歲差運動（又稱為進動）的由來。地球的自轉軸是斜的，故地球也會出現歲差運動（圖1-10）。換言之，在歲差運動下，地球的自轉軸本身也會旋轉。經過很長一段時間後，春分點便會偏離原先的位置，這就是為什麼現在的太陽星座會和古代不一樣的原因。

而且，在歲差運動下，北極星也會隨著時間而改變。自轉軸延長後指向天球的點稱為**天北極**。所謂的北極星，指的是剛好位於天北極上的恆星，這顆恆星不會因為地球的自轉而改變位置。

圖1-10 歲差運動與北極星的變遷

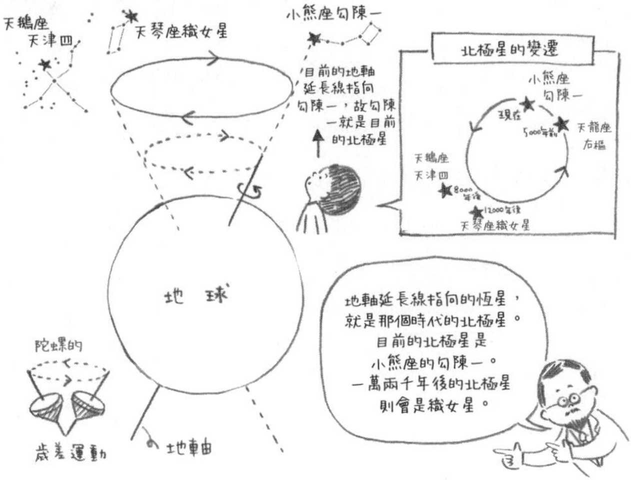

現代的北極星是小熊座的二等星勾陳一，不過在西元前一萬一千五百年左右，當時的北極星，卻是天琴座的織女星（圖1-10）。

陀螺的歲差運動週期只有數秒左右，所以很好觀察得到，但是地球的歲差運動週期約為兩萬六千年，因此觀察難度相當高。但令人訝異的是，在西元前的年代就有人測定了地球的歲差運動。西元前二世紀的古希臘天文學家——**喜帕恰斯**就試著比較當時的星象圖與一百五十年前的星象圖，發現了兩張圖中各個星體的位置並不相同。

如圖1-10所示，天北極的位置會因歲差運動而跟著移動，週期為兩萬六千年。在這個過程中，會與天北極的距離在1度以內的明亮恆星，僅有天龍座的右樞，以及現在的北極星——小熊座的勾陳一而已。

只要看到星空中的北極星，就能知道自己的方向，故北極星在人類的進步過程中扮演著非常重要的角色。在人類還不曉得航海時該如何判斷方向的年代，偶然知道北極星這顆明亮的星星會一直指向北方，對於人類來說，可以說是一件相當幸運的事不是嗎？

地球內部有什麼東西呢？

接著讓我們把焦點放在地球內部吧。或許你曾經看過圖1-11上圖般的地球內部結構。地球的內部結構從內側起依序為內核、外核、地函、地殼。那麼，我們又是如何知道這些結構的呢？

科學家們首先想到的方法是「實際挖挖看」。圖1-11的下半部為**海洋研究開發機構（JAMSTEC）的地球深部探查船「Chikyu」**，它是一艘藉由實際鑽探，研究地球內部結構的大型船。如圖1-11的照片所示，這艘大型船看起來就像一個建築物，整艘船簡直就跟研究所的構造一樣。

「Chikyu」曾在二〇一一年東日本大地震的震源區域進行鑽探，鑽探時甚至還穿過地殼，抵達地函部分，並採集了地函部分的樣本進行研究。不過，人類目前可以鑽探到的深度極限就是這樣了。頂多只能穿過表面薄薄一層的地殼[*10]，連能不能抵達地

圖1-11 地球內部結構與地球深部探查船「Chikyu」

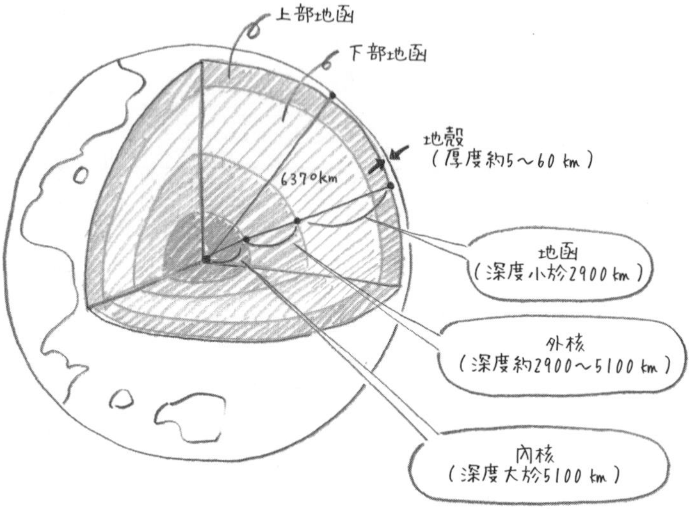

攝影：作者

函都不確定。那麼，比地函更深的地方又該如何研究呢？

大家在水果店裡選西瓜的時候，是不是會敲敲看西瓜，藉此判斷這個西瓜的成熟度呢？這種方法可以讓我們在不切開西瓜的情況下，判斷西瓜內部的狀況。西瓜內部的密度不一樣時，傳出來的聲音也不一樣。如果能分辨出不同密度下傳出來的聲音差異，就可以在不切開西瓜的情況下，判斷西瓜有沒有熟。

研究地球內部的時候也一樣。不過在研究地球內部時，我們用的不是聲音，而是地震。日本的周圍每年會發生近五千次芮氏規模3以上的地震，因此我們可以利用地震，來研究地球內部的狀況。

聲音和地震都是「波」。波有很多種，大致上可以分成「橫波」與「縱波」兩大類（圖1-12上）[*11]。橫波是振動方向與前進方向垂直的波；縱波則是振動方向與前進方向平行的波。縱波前進時，不同位置的介質（傳遞波的媒介）會有不同的密度，故縱波也被稱為疏密波。聲音就是一種縱波，可以藉由空氣的疏密將

***10** 陸地的地殼厚度約為30 km，海洋的地殼則約7 km。

***11** 要注意的是，並不是所有的「波」都可以分成縱波或橫波。譬如聽到「波」時會第一個聯想到的「水波」就既不是縱波也不是橫波。

圖1-12 縱波與橫波、緊急地震速報的機制

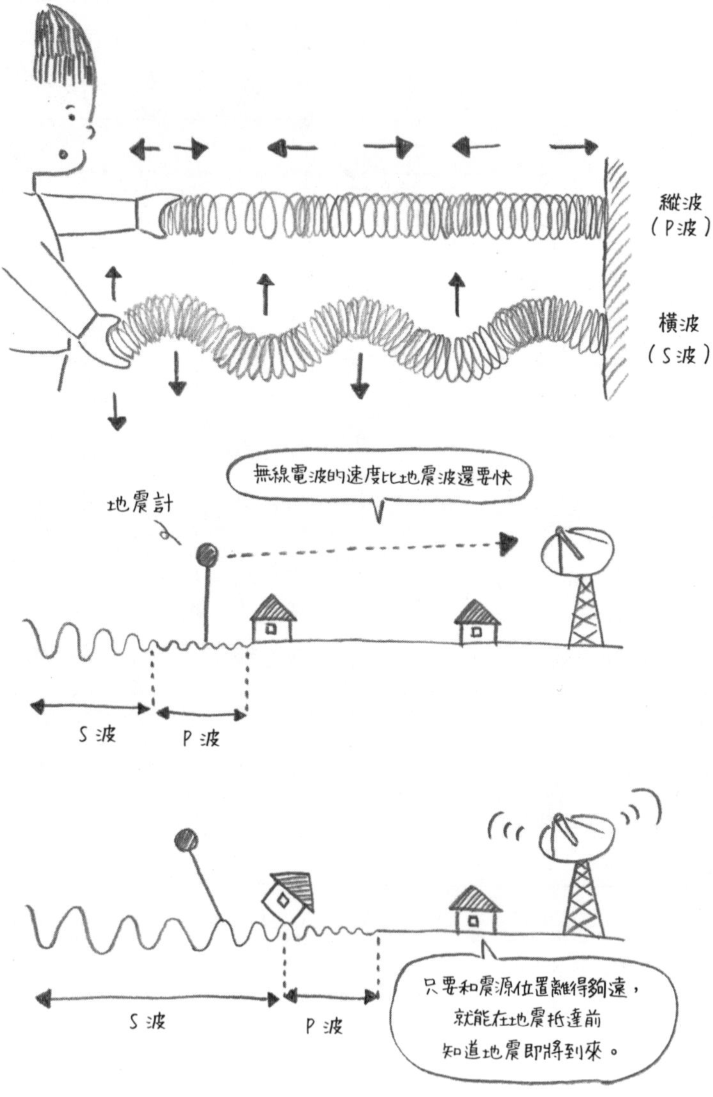
縱波
（P波）
橫波
（S波）
無線電波的速度比地震波還要快
地震計
S波
P波
S波
P波
只要和震源位置離得夠遠，
就能在地震抵達前
知道地震即將到來。

波傳遞出去。

縱波和橫波有一個很重要的差異，那就是一般情況下，氣體與液體無法傳遞橫波。而固體物質可以被壓縮（傳遞縱波），也可以橫向伸展（傳遞橫波）。另一方面，氣體與液體卻無法橫向變形。因此，只有固體可以傳遞橫波。而且，不管是縱波還是橫波，都會因為介質的密度而影響波的前進速度。

一般而言，地面是固體，故可以傳遞地震的縱波與橫波。地震的縱波稱為P波、橫波稱為S波。P波的傳遞速度比較快（秒速約7㎞），不過隨後到來的S波（秒速約5㎞）會產生較劇烈的搖晃。

地震發生時，會先出現小小的縱向晃動，接著再出現大幅度的橫向晃動，想必很多人都有這樣的經驗吧。這就是P波和S波的差異。

我們就是利用這兩種波的傳遞速度差異，發展出緊急地震速報系統（圖1-12下）。我們可以由P波與S波抵達的時間差，計算出震源的距離。如果在多個地點進行這樣的測量，就能確定震源所在位置。另外，現代社會可以用光速在瞬間完成資訊傳遞，地震波的速度卻是秒速5～7㎞。假設一地距離震源100㎞左右，那麼地震就需要約20秒左右的時間才會抵達。故我們只要在數秒內確定震源位置，就可以在地

圖1-13 地震隱影區

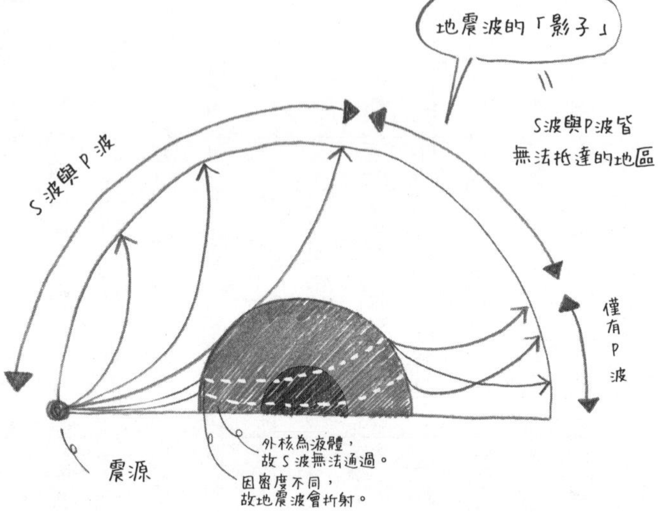
地震波的「影子」
=
S波與P波皆
無法抵達的地區
S波與P波
僅有P波
震源
外核為液體，
故S波無法通過。
因密度不同，
故地震波會折射。

震抵達前，通知這個地方的人們地震即將抵達。

發生巨大的地震時，震動會深入地球的內部。二〇一一年三月十一日發生的東日本大地震，其地震波至少繞了地球五圈。這些地震波會深入地球的內部，並傳導至整個地球。

地震波的傳遞速度會因壓力與密度而產生變化。因此，藉由偵測震源遠方的地震波，計算其傳遞速度，我們便可以推測出地震波所通過之地球內部的密度。知道密度之後，就可以推論地球內部是由什麼樣的物質組成。於是我們推測出了地函的成分是由岩石構成，內核與外核則是由金屬構成。

另外，在遠離震源的地方，某些區域沒辦法觀測到地震波，這些區域又稱為「地震隱影區（shadow zone）」（圖1-13）。地震波在地球內部傳遞時，P波會在液體與固體的交界面折射；S波則因為是橫波，無法藉由液體傳遞，故會形成「地震隱影區」。分析這些地震波後，我們可以知道地球的外核由液體組成。雖然我們無法直接觀察到地球內部，但是透過地震波的性質，我們仍然可以對地球內部的狀況有一定程度的了解。

地球是一個很大的磁石嗎？

地球有一個很重要的特徵，那就是**地磁場**。磁石會讓N極指向北方，S極指向南方，這也是N極（北＝North）與S極（南＝South）名稱的由來。指南針就是利用磁石的這個性質製作而成。在留下來的紀錄當中，十一世紀的中國書籍就已經有指南針的紀錄。

那麼，為什麼磁石會一直指向北方呢？因為地球本身就是一個很大的磁石（圖1-14）。最早指出這一點的人，是十六世紀的**威廉・吉爾伯特**。地球之所以是一個大磁石，和剛才提到的「外核由液體組成」有很大的關係。外核的主成分是液態的鐵和鎳，地球自轉時，這些液體也會跟著旋轉，並產生電流，進而形成地磁場。這種說法又稱為「發電機理論」，被認為是地磁場的起源。

事實上，指南針並非指向正北方。地理學意義上的正北（北極點）與正南（南極

圖1-14 地磁場與地軸

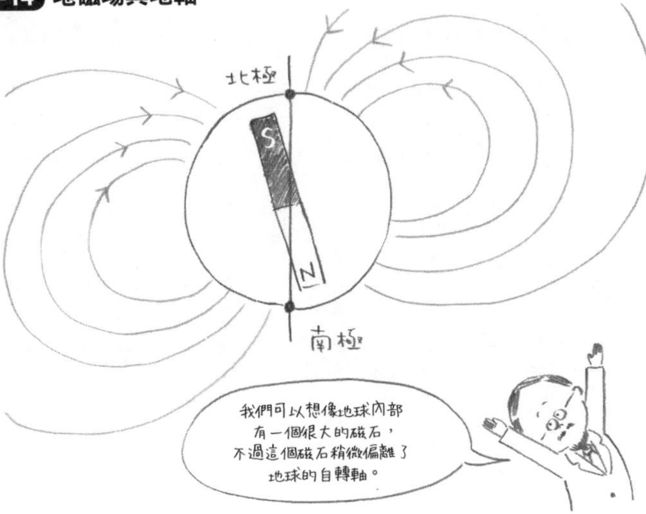
北極
S
N
南極
我們可以想像地球內部
有一個很大的磁石，
不過這個磁石稍微偏離了
地球的自轉軸。

點）由地球的自轉軸（地軸）決定，然而地球內部的「磁石」卻與地軸有約10度的傾斜（圖1-14）。因此，在不同地方，指南針所指向的北方，會與正北方有不同程度的差異。這種差異又被稱為「磁偏角」。在日本周圍區域，磁偏角雖會隨著地點與時間而有所不同，不過大多數的時候，指南針所指的北方會偏西5到10度。此外，指南針不僅會橫向轉動，還會上下傾斜，這個傾斜的角度又稱為「傾角」。在日本周圍區域，N極會往下傾斜50度左右。因此，日本販賣的指南針的S極會比較重，使指針能夠保持水平。

地磁場時常變動，磁偏角與磁傾角也會隨著時代不同而跟著變化。不僅如此，過去地磁場的方向還曾經反轉過。我們藉由岩石內礦物的磁化方向了解到了這一點。舉例來說，當岩漿冷卻固化成岩石時，內部帶有磁場的礦物就會像「天然的指南針」一樣，依照當時的地磁方向指向某個特定方向。調查各地層的形成年代，可以知道地球歷史上，地磁反轉的次數相當多。

最初提出地磁反轉假說的是一九二九年的松山基範，由後來的地層研究，人們也確認到地球歷史上確實曾經發生過許多次的地磁反轉事件，不過地磁反轉的原因至今仍然不明。

來自太陽、含有帶電粒子的太陽風吹到地球上時，會影響人造衛星與飛機的通訊，使暴露其中的太空人受到傷害，還會影響到我們的生活。而保護我們不受太陽風影響的就是地磁場。要是地球沒有這個大磁石的話，強烈的太陽風就會抵達地表，使地球上的生命受到很大的傷害，這樣的話，或許人類就不會出現在地球上了。我們現在之所以能活在地球上，就是因為有地球這個大磁石保護著我們。

老師的提問

你覺得地球的重量會變化嗎？

人造衛星是現代社會中不可或缺的東西。為了將這些人造衛星送上太空，我們需要頻繁發射火箭才行。表1-1為一九五七年至二〇一五年間全世界發射的火箭數量。至今人類已經發射5000個火箭至太空。或許有人會擔心，既然我們已經發射了那麼多火箭上太空，而且今後還會繼續發射火箭，那麼地球的重量不就會愈來愈輕了嗎？請放心，包括發射火箭在內，由人類釋放至地球外的物質量少到可以忽略，從太空掉落至地球的物質甚至還比較多。

那麼，這些掉落至地球的物質又是什麼呢？這些東西主要是在太空中飄盪的塵埃（宇宙塵埃）（圖1-15），包括太陽系內小行星之間相撞時釋放出來的細小塵埃，以及彗星釋放出來的塵埃等。從地球看出去的夜空中，這些太陽系內的塵埃會散射太陽光，形成銀河之外的另一條相對較亮的帶狀區域。這條帶狀區域我們稱為**黃道光**

圖1-15 宇宙塵埃

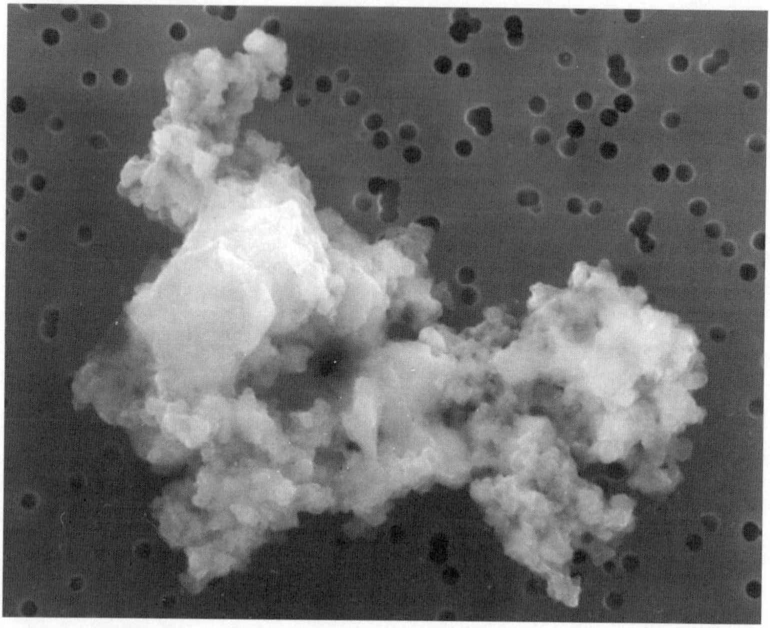

出處：NASA

表1-1 全世界發射的火箭數（1957年～2015年）

	美國	歐洲	俄羅斯	日本	中國	印度	其他	合計
發射數	1609	259	3218	97	230	48	16	5477
發射失敗數	144	13	208	8	13	10	4	340
成功率	91.1	95.0	93.5	91.8	94.3	79.2	75.0	93.8

（引用自《G-TeC報告書　各國太空技術能力比較（2015年度）》）

（圖1-16）。這些細小的塵埃落在地球上的量可達每年約5000噸。圖1-15的照片，就是用飛機在天空中捕捉到、掉落至地球的宇宙塵埃。

被地球吸引而來的宇宙塵埃在進入地球大氣層時會一邊掉落一邊燃燒，形成**流星**。圖1-17就是**國際太空站**的太空人在太空中拍到的流星。看到這張照片，應該可以明白流星確實是來自太空的物質掉落至地球時所產生的現象。

另外，突然有大量流星出現時，便是所謂的**流星雨**。在每年的固定時期都會出現特定的流星雨。

表1-2為主要的流星雨，其中流星特別多的流星雨包括「象限儀座流星雨」、「英仙座流星雨」、「雙子座流星雨」等，它們又被稱為「三大流星雨」。那麼，為什麼流星雨會在每年的固定時期出現呢？因為在這些時期，地球會通過流星的原形——宇宙塵埃的故鄉。

作為流星雨來源的宇宙塵埃可能是彗星的碎片。彗星是太陽系內的一種小型天體，和行星與小行星一樣，會繞著太陽轉。而彗星的特徵，就是那漂亮的尾巴。圖1-18是斯威夫特-塔特爾彗星的照片，可以看到它有漂亮的彗尾。

彗星的軌道多為橢圓形，故彗星大多數時間內都在離太陽相當遙遠的寒冷區域，

圖1-16 冬天的銀河與黃道光

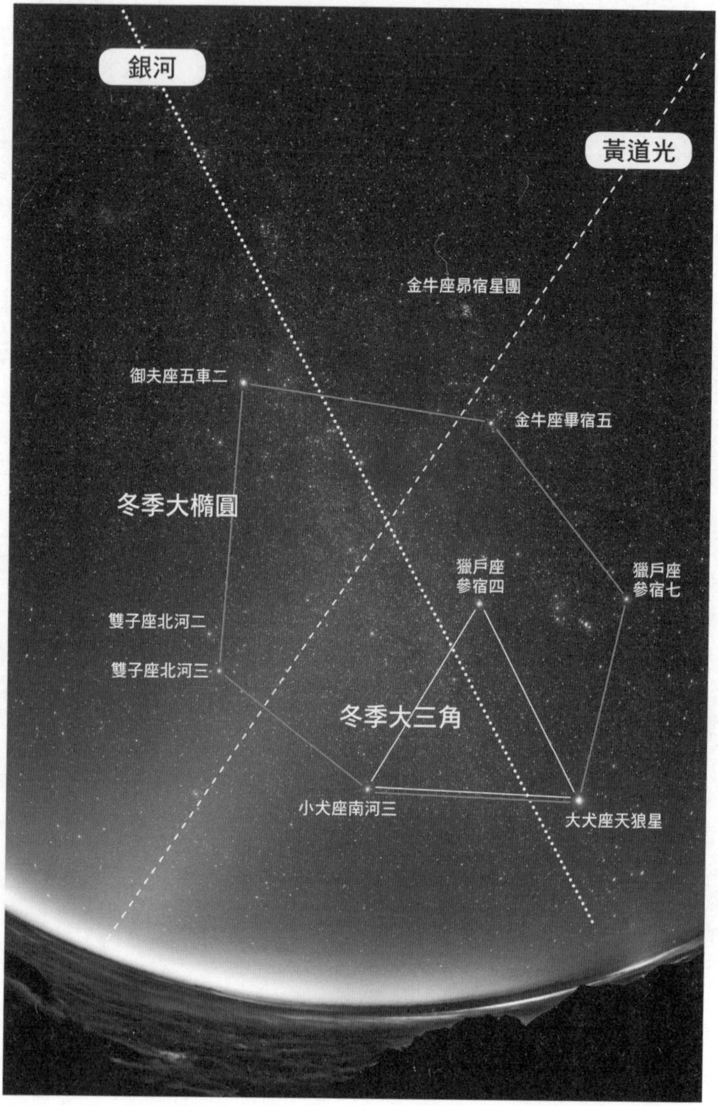

©Kouji Ohnishi

圖1-17 NASA太空人Ron Garan
在國際太空站中拍到的流星

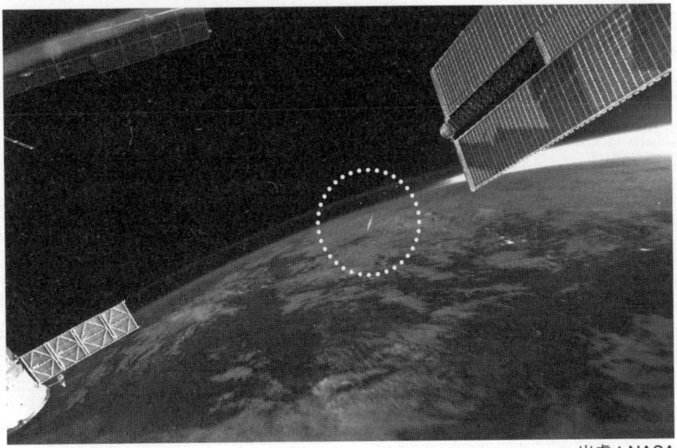

出處：NASA

表面有許多冰塊等物質。當彗星靠近太陽時，由於溫度上升，表面的冰會蒸發，同時釋放出表面的塵埃至太空中。從地球看過去，就會是一個帶著漂亮尾巴的彗星。圖1-19就是彗星釋放出宇宙塵埃的實際畫面。這是由**歐洲太空總署（ESA）**的**彗星探查機羅塞塔號**在接近楚留莫夫-格拉希門克彗星時拍下來的畫面。

這個自彗星散逸出來的塵埃會殘留在彗星軌道上。那麼，當地球穿過彗星軌道時會發生什麼事呢？大量的塵埃會掉落至地球，在大氣層中燃燒（圖1-20）。這就是流星雨的原理。

舉例來說，圖1-18中，地球通過斯威夫特-塔特爾彗星的軌道時所產生的流

表1-2 主要流星雨

流星雨名稱	流星雨出現時期	極大期	流星數*
象限儀座流星雨	12月28日～ 1月12日	1月 4日左右	45
天琴座流星雨	4月16日～ 4月25日	4月22日左右	10
寶瓶座η流星雨	4月19日～ 5月28日	5月 6日左右	5
寶瓶座δ南流星雨	7月12日～ 8月23日	7月30日左右	3
英仙座流星雨	7月17日～ 8月24日	8月13日左右	40
十月天龍座流星雨	10月 6日～ 10月10日	10月 8日左右	5
金牛座南流星雨	9月10日～ 11月20日	10月10日左右	2
獵戶座流星雨	10月 2日～11月 7日	10月21日左右	5
金牛座北流星雨	10月20日～ 12月10日	11月12日左右	2
獅子座流星雨	11月 6日～ 11月30日	11月18日左右	5
雙子座流星雨	12月 4日～ 12月17日	12月14日左右	45

* 極大期時，在日本附近足夠暗的夜空下觀察時（不受黎明或黃昏陽光影響，看得到5.5等星的天空），每小時可以看得到的流星數。如果是在有街燈的地方，或者是在非極大時期觀察的話，看到的流星數會降至數分之一。（引用自日本國立天文台）

星雨，就是英仙座流星雨。地球繞太陽一周需耗時一年，故同一個流星雨會在每年的同一段時間內出現。換言之，與其說流星雨的產生是因為宇宙塵埃掉落至地球，不如說是地球通過彗星軌道，也就是宇宙塵埃的地帶時所發生的現象。

較小的塵埃落在地球上時，會在大氣層中燃燒殆盡，成為流星。但若是石塊較大，便來不及在掉落過程中完全燒盡，而是會撞擊地球表面，這就是**隕石**。

落在日本的隕石中，較有名的隕石如一九九六年時落在筑波市的「筑波隕石」。一九九六年一月七日的下午四點二十分左右，有一顆隕石於筑波市落下。和各位印象中的隕石撞擊有所不同，這顆隕

圖1-18 英仙座流星雨的母天體——斯威夫特－塔特爾彗星

出處：NASA

圖1-19 彗星探查機羅塞塔號拍下的
楚留莫夫－格拉希門克彗星

出處：ESA

圖1-20 流星雨的機制

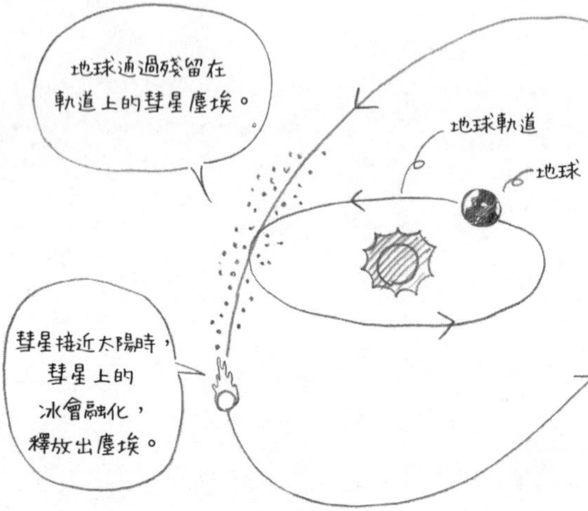
地球通過殘留在
軌道上的彗星塵埃。
地球軌道
地球
彗星接近太陽時，
彗星上的
冰會融化，
釋放出塵埃。

石是在天空中爆炸後，碎成許多小石頭再落至地面。這時產生的爆炸聲響與衝擊，連埼玉和千葉的住家都感覺得到震動。隕石落下的地點附近剛好有一個正在進行隕石研究的地質調查所（現在的產業寄宿總合研究所），實在是相當幸運。以地質調查所為中心，工作人員在筑波市附近的高中、國中、國小分發傳單，呼籲大家一起來尋找隕石。最後從二十三個地方找到了總共800g的隕石。

隕石是直接從宇宙獲得的物質，可以說是「來自宇宙的禮物」。雖然隕石是研究宇宙時珍貴的研究對象，但是當大顆的隕石落下時，卻會造成很大的危害，對人類來說是個很大的威脅。

二〇一三年，當一顆隕石落在俄羅斯的車里雅賓斯克時[*12]。隕石通過大氣層時產生的衝擊波，震破了南北180km、東西80km範圍內的玻璃窗，造成近一千五百人受傷。科學家估計這顆隕石的直徑約為17m。假設有直徑300m的隕石撞擊東京的話，一般認為關東地方會整個消失。

恐龍的滅絕也被認為和巨大隕石的撞擊有關。距今六千六百萬年前，直徑約10km的隕石撞擊地球，使當時地球上約4分之3的物種滅絕，其中也包括了恐龍。墨西哥的猶加敦半島上，一個直徑160km的「希克蘇魯伯隕石坑」，就被認為是這個時期的隕石撞擊痕跡。

雖然大到會造成人類滅亡的隕石撞擊地球的機率非常低，但地球上確實曾發生過多次類似的事件。因此，我們有必要監視可能會撞擊地球的小型天體。這類工作稱為「**太空警衛（space guard）**」或「行星防衛（planetary defense）」，負責探查與監視接近地球、撞擊地球可能性較高的小型天體。另外，二〇一七年於東京舉行的

***12** 這顆隕石是在白天時從太陽的方向飛來，故無法在事前發現。

「第五屆行星防禦會議（Planetary Defense Conference）」這個國際會議中，就假設科學家們發現了一顆十年後會撞擊東京的小行星，並請各個科學家、政治人物、可能發生撞擊事件之區域的地方政府討論應該要如何應對。和火山、地震等災害不同，小型天體與地球的撞擊事件屬於「可以事先預測」的天然災害。如果在撞擊事件之前有充足的時間，便能讓可能受影響之居民先行避難，或者設法改變小型天體的軌道，避免發生撞擊事件。

綜上所述，大量的宇宙塵埃和隕石正不斷掉落至地球。那麼，地球是不是會愈來愈重呢？剛好相反，地球正變得愈來愈輕。這是因為，地球大氣層內的氫氣與氦氣會一點一點地散逸至太空中。氫氣與氦氣是宇宙中最輕的氣體，因此地球的重力無法完全抓住這些氣體，使得大氣層上層的氫氣與氦氣正逐漸跑到太空當中。

宇宙的主要成分是氫與氦、太陽與木星基本上也是氫與氦的集合物，相對的，地球大氣層中的氫與氦含量卻很少，就是因為地球的重力不足以抓住這些氣體。每年有約5萬噸的宇宙塵埃和隕石落在地球上，卻會有約10萬噸的氫氣與氦氣散逸至太空中。相減後可以得到每年地球會減輕5萬噸的事實。每年5萬噸（5×10^7kg）聽起來好像量很大，但和地球的質量（6×10^{24}kg）相比，卻是可以忽略的量。因此，地球當然也不會消失。

地球真的是圓的嗎？

由駛近船隻的外觀變化，以及同一顆星星在不同地方的仰角不同，人們早在西元前便已知道地球是圓的了，也試著正確地測量了地球的大小。到了十六世紀，麥哲倫艦隊繞地球一周，直接確認了地球是圓的。

地球正在旋轉嗎？

我們可以藉由傅科擺實驗來證明地球正在自轉。日本有許多科學館會展出傅科擺，有機會的話一定要去看看。

難道不是太陽繞著地球轉嗎？

古希臘時代的阿里斯塔克斯藉由他的觀察，確認到太陽遠比地球還要大。故他認為是地球繞著太陽轉，而非太陽繞著地球轉，這就是最初的地動說。地動說的直接證據，則是伽利略所發現的金星盈缺。

為什麼不同季節看到的星座會不一樣呢？

我們在某個時間點看得到的星星，僅限當時位於太陽對側的星星。地球繞太陽一圈需耗時一年，故我們看到的星空會隨著季節而改變。即使是白天，天空中仍有許多星星，只是我們看不到而已。太陽星座指的就是生日當天位於太陽所在的位置的星座。

地球內部有什麼東西呢？

由輕拍西瓜表面時產生的聲音，可以判斷西瓜內部的成熟度。同樣的道理，我們可以用地震波來分析地球的內部結構。由地震波的分析，我們可以知道地球內部的外核部分是液態。

地球是一個很大的磁石嗎？

地球是一個很大的磁石，北邊是S極、南邊是N極，故指南針的N極指向北方。而且，從地層的研究，我們可以知道地球這個磁石在漫長的地質年代中曾數度改變方向。

老師的提問

你覺得地球的重量會變化嗎？

太空中飄盪著許多小小的宇宙塵埃，每年會約有5萬噸的宇宙塵埃落至地球。這些宇宙塵埃在大氣層燃燒時，便會成為流星。另一方面，地球每年會散逸約10萬噸的大氣至太空中。兩者相減後可以得知，每年地球會減輕約5萬噸。

第2章

太陽是什麼樣的星體呢？

太陽是很特別的星體嗎？

說到離我們最近，對我們來說最重要的星體，毫無疑問的就是**太陽**了。我們靠著太陽提供的能量生存於這個世界上。這裡說的能量並不是指我們日常生活中會看到的太陽能電池，而是指所有生命活著需要的能量，這些能量全都來自於太陽。

舉例來說，試想，我們活動身體時所用的能量來自何處呢？來自我們每天吃下去的食物。我們從肉類、蔬菜等食物中攝取營養素，於體內燃燒這些營養素以獲得能量，再用這些能量來活動身體。那麼，這些肉類、蔬菜所含有的營養素又是從何而來呢？肉類來自動物，故肉類的營養素來自動物所吃下的植物或其他動物所含有的營養素。蔬菜等植物則是從根部吸收水分，從葉片吸收二氧化碳，再藉由**光合作用**合成營養素。光合作用的反應為：

$6CO_2 + 6H_2O +$ 光能 → $C_6H_{12}O_6 + 6O_2$
二氧化碳 + 水 + 光能 → 葡萄糖 + 氧氣

也就是說，若我們追溯生物需要的能量來源，最後都會歸結於太陽的能量。不僅如此。潮汐的能量、風力的能量等自然界的能量，當然也都源自太陽；由很久很久以前的動植物遺體所形成的石油及煤炭，其能量來源仍是太陽。對我們來說，太陽就是那麼重要。

太陽對我們來說非常重要，但其實在宇宙中，太陽這樣的天體並不特別。像太陽這種燃燒自己、釋放出光與熱的天體稱為「**恆星**」。除了位於太陽系內的行星與月亮之外，夜空中可以用肉眼看到的大多數星體皆為恆星。每一顆恆星都有著像太陽般的大小，像太陽般燃燒發熱。而太陽之所以看起來特別亮，原因很簡單，只是因為太陽離我們特別近而已。

太陽與地球的距離約為1億5000萬km（約8光分），而離我們第二近的恆星——比鄰星則距離我們約40兆km（約4・2**光年**[*1]），是地日距離的約28萬倍，位置相當遙遠。因此比鄰星的亮度比太陽暗上許多，看起來只是一個很小的點而已。

雖然太陽對我們來說是很特別的星星，但宇宙中有許多像太陽一樣的恆星，就整個宇宙看來，太陽並不是什麼特別的星體。

＊1　1光年是光一年可前進的距離。1光年約為9.5兆km。要注意的是，雖然有個「年」字，但光年並不是時間單位，而是長度單位。

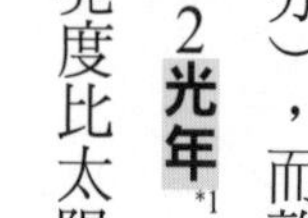

從地球可以看到多少星星呢？

在夠暗的地方看向夜空時，可以看到許多星星。星星的數量多到我們會用「多如繁星」來形容事物的數量眾多。那麼「多如繁星」中的星星，究竟有多少顆呢？讓我們來想想看吧。

星星的亮度一般可以用1等星、2等星之類的「星等」來表示，星等的數字愈小，就表示這顆星星愈亮。舉例來說，1等星比2等星還要亮。而人類肉眼看得到的最暗亮度為6等星。

關於星等的由來，我們在第一章介紹歲差運動時，曾提到古希臘的喜帕恰斯。喜帕恰斯將肉眼可見的20顆最亮星星定為1等星，亮度次一等的星定為2等星……肉眼勉強可見的星星則定為6等星，這就是星等的由來。

當時的人們只能用肉眼觀星，故很難將星星的亮度數值化，只能將星星依照亮度

星等的說明

1等星的亮度約為2等星的2.51倍，
2等星的亮度約為3等星的2.51倍……

1等星的亮度約為3等星的6.31倍。
（因為2.51×2.51≒6.31）……

1等星的亮度約為6等星的100倍。
（因為2.51×2.51×2.51×2.51×2.51≒100）

分成數量相同的六組，並稱其為1等星至6等星。

到了十九世紀之後，**照片**問世，人們便可以藉由拍攝下來的照片，將星星的亮度以數值來表示。將照片命名為「照片（photography）」的約翰・赫歇爾發現，1等星的亮度大約為6等星的100倍。諾曼・普森則在一八五六年時，提議嚴格定義1等星與6等星的亮度差異為100倍。即星等每差5等，亮度就差100倍。由此可推論，星等每差1等，亮度就差100的5次方根，也就是約2・5倍（$\sqrt[5]{100}$=2.511886…）[*2]。推廣這個定義後，我們還可以得到1・6等星之類含小數的星等。

另外，普森設定亮度的基準時，將「喜帕恰斯所選的20顆明亮星星的平均亮度定為1等星」[*3]，並定義了比1等星還要亮的0等星與－1等星。譬如天琴座的織女星就是0.03等星，全天空中亮度僅次於太陽的恆星——大犬座天狼星為－1.46等星，滿月為－12.6等星（織女星的約11萬倍亮），而太陽為－26.74 等星（織女星的約480億倍亮）。

表2-1列出了夜空下閃耀的恆星各個星等的星星數量。由此可以看出，全天空中，亮度比肉眼勉強可見的6等星還要亮的星星約有8600顆。不過，就算我們看向夜空，也無法同時看到這8600顆星星。

夜晚時，這些星星有一半會和太陽一起沉到地平面以下，位於地平線附近的星星也會因為過於黯淡而難以看清。如果是有月亮的夜晚，還會因為月亮過亮而看不到6等星。

另外，表2-1的統計數據也包括了南半球天空的星星，這些星星有一大部分是身在北半球的我們所看不到的。這樣看來，

*2　正確來說，假設兩顆星星的星等為m_1與m_2、亮度分別為b_1與b_2，則我們可用$m_2 - m_1 = -2.5 \log_{10}(b_2/b_1)$的關係式來定義星等。

*3　普森設定的亮度基準（星等的雛形）現在已不再使用。星等有很多種系統，分別源自不同的定義方式。

表2-1 全天空的各星等的星星數量

等級	亮度	全天空的星星數量	累計星數
-1等星	6.31	2	2
0等星	2.51	7	9
1等星	1	12	21
2等星	1/2.51	67	88
3等星	2/6.31	190	278
4等星	2/15.8	710	988
5等星	1/39.8	2,000	3,000
6等星	1/100	5,600	8,600
7等星	1/251	16,000	24,600
8等星	1/631	43,000	68,000
9等星	1/1,585	120,000	190,000
10等星	1/3,981	350,000	540,000
11等星	1/10,000	870,000	1,410,000
12等星	1/25,119	2,300,000	3,710,000
13等星	1/63,096	5,600,000	9,310,000
14等星	1/158,489	13,000,000	22,300,000
15等星	1/398,107	32,000,000	54,300,000
16等星	1/1,000,000	69,000,000	123,000,000
17等星	1/2,511,886	140,000,000	263,000,000
18等星	1/6,309,573	280,000,000	543,000,000
19等星	1/15,848,932	420,000,000	963,000,000
20等星	1/39,810,717	710,000,000	1,670,000,000

（引用自理科年表）

雖然我們會用「多如繁星」來形容大量事物，但事實上，當我們看向夜空時，頂多只能看到3000到4000顆左右的星星而已，比想像中還要少得多對吧？

夜空中有許多肉眼看不到的星星。如果把這些看不到的星星也算進來的話，「星星的總數」又會是多少呢？由表2-1可以知道，比20等星還要亮的恆星約有17億顆。位於銀河系內的我們，看到的這些恆星也全都是在銀河系內，之後的章節中會再詳細說明這點。在銀河系內還有許多暗到看不到的恆星；以及位於銀河的另一邊，從地球這裡看不到的恆星。如果把這些恆星都算進來，銀河系內約有1000億（10^{11}）[*4]顆恆星。而且，在我們可以觀測到的宇宙內，推測有約2兆（2×10^{12}）個這樣的星系。將這兩個數字相乘後，可以知道在可觀測之宇宙內的恆星數約為2000垓（2×10^{23}）顆。到這裡終於出現符合「天文數字」這個印象的龐大數字了。看到這個數字之後，應該會覺得「多如繁星」是多麼大的數字了吧。

「我們周遭根本不會出現那麼大的數字，真不愧是『天文數

*4　天文學中常會用到很大的數字，我們會用指數來表示這些數字。舉例來說，10^{10}就表示1後面有10個0，也就是10000000000（100億）。

字』啊！」想必很多人會這麼想吧，但真的是如此嗎？

例如，高中化學課程中有教過「莫耳」這個單位。或許有些人覺得莫耳的概念不太好理解，但這其實沒有那麼難。我們會把12枝鉛筆稱為1打鉛筆，同樣的，6×10^{23}個原子就稱為1莫耳原子。而且，18g的水中，就含有6×10^{23}個水分子。

再回來看看「恆星的數目」，會發現恆星數和1莫耳的原子數差不多是同一個等級（約10^{23}）*5。也就是說，在可觀測的宇宙中，恆星的數目大約為1莫耳的等級，和眼藥水大小的盒子內的水分子數目等級大致相同。這麼想的話，是不是覺得「多如繁星」的數字離我們近了一些呢？

如果在可觀測的宇宙內，有多達2000垓顆像太陽這種會發光的恆星的話，這些恆星的光芒不就會讓夜空變得像白天一樣明亮了嗎？這就是所謂的「奧伯斯悖論」，是一個長久以來困擾著天文學家的問題。現在的我們已經知道，可觀察的宇宙範圍為半徑138億光年的空間，這個空間過於廣大，就算空間內有

*5　或許有些人會覺得「2000垓和6000垓還是差很多吧！」但在天文學上，不會那麼在意數字上的細微差異，只要位數相同的話就可以當作很接近的數。
也就是說，在天文學的世界中「3和1並不會差太多」。

2000垓顆恆星，這些恆星發出來的光仍遠遠不足以讓這個廣大的宇宙空間充滿光，無法使夜空像白天一樣明亮。詳細說明可參考我的前作《宇宙はなぜ「暗い」のか？ オルバースのパラドックスと宇宙の姿（宇宙為什麼很「暗」呢？奧伯斯悖論與宇宙的樣貌）》。

太陽是如何燃燒的呢？

在什麼都沒有的太空內，恆星是如何持續發光的呢？讓我們試著想想看吧。我們將往周圍釋放光與熱的現象稱為「**燃燒**」，譬如將紙張點燃後就會開始燃燒。太陽會持續發出光與熱，故我們自然而然地會覺得太陽正在燃燒。學校有教過「東西燃燒的時候需要氧氣」，也就是說，燃燒是像下面這樣的化學反應。

$C + O_2 \rightarrow CO_2$

碳 ＋ 氧 → 二氧化碳

那麼，在沒有氧氣，幾乎是真空狀態的宇宙空間中，太陽又要怎麼燃燒呢？

若我們想用「燃燒」來說明太陽為什麼能發光發熱，會產生一個問題，那就是「燃料不夠」。假設太陽是一個由煤炭或石油等化石燃料所組成的集合體，且太陽所產生的光與熱皆是由燃燒這些化石燃料所產生，那麼經過計算之後會發現，不用一萬年，這些燃料就會燃燒殆盡。一萬年前大約是日本的繩文時代，太陽不可能是從那個時候才開始發光發熱的。因此，我們只能認為太陽的燃燒和一般的「燃燒」現象並不一樣。

事實上，直到二十世紀後，我們才知道恆星是用什麼方式在宇宙空間中持續產生出大量的光與熱。星星與原子在大小上可說是兩個極端，但要了解太陽的能量來源，必須先理解原子世界的規則才行。

相對論可以說是**阿爾伯特・愛因斯坦**的代名詞。由相對論所推導出來的著名公式**$E=mc^2$**顯示，質量（m）與能量（E）可以互相轉換。假如依照這個公式，將1g的質量全部轉換成能量的話，可以提供約4500個四人家庭平均一年的用電[*6]。也就是說，若能用某些方法將質量轉換成能量的話，就可以得到大量的能量。

以此為基礎，一九二〇年代時，亞瑟・愛丁頓提出一套假說，認為在某些條件下，4個氫原子會經**核融合反應**轉換成1個氦原子，此時就會有部分質量轉換成能量，而這些能量就是太陽發光發熱的原因。4個氫原子的質量總和，僅比1個氦原子多了0・7%，一般認為就是這少許的質量轉換成了能量釋放出來。接著在一九二九年，弗里茨・豪特曼斯（Fritz Houtermans）與羅伯特・阿特金森（Robert Atkinson）證明太陽中心有著足以催發核融合反應的溫度與壓力，顯示愛丁頓的假說是正確的。

豪特曼斯在發表了這個成果的隔天，和未來成為他妻子的女友約會時，他女友對他說「星光真美」，他則回應「在昨天以前，只有我知道星辰的光輝從何而來」。這段故事至今仍為人津津樂道。在這之後，一九三〇年代末，漢斯・貝特提出了完整的理論，說明太陽內部正在進行的核融合反應。貝特也因為這項研究成果而獲得了一九六七年的諾貝爾物理學獎。

到這裡，似乎已經回答了「宇宙中的太陽是如何燃燒的？」這個問題，但畢竟這只是理論，還是需要透過實際觀測才能確認理論是否正確。那麼我們要怎麼觀察發生在太陽中心的核融合反應呢？

＊6　四人家庭的平均一年消耗電量為5,500kWh。

圖2-1 太陽內部的核融合反應

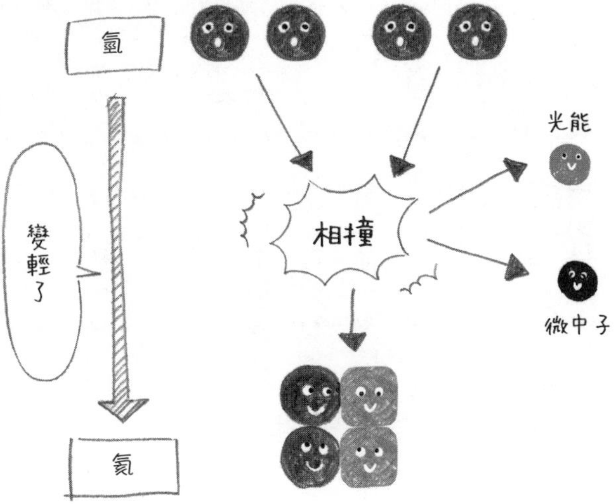

觀察太陽核融合反應的關鍵，就是名為**微中子**的基本粒子。

簡單來說，微中子可以想成是質量幾乎為零，能穿過任何東西的基本粒子。另外，微中子可以分成電微中子、緲微中子、濤微中子等三種。

如果貝特提出的太陽內部核融合反應模型正確，那麼在核融合反應發生時，除了光能與熱能之外，應該也會同時生成電微中子才對（圖2-1）。而且，因為微中子可以穿透幾乎所有物體，故在太陽中心生成的電微中子應該能夠抵達地球。只要能觀測到這些微中子，就能證實太陽內部確實正在進行核融合反應。

由於微中子可以穿透幾乎所有物體，

故要觀測微中子是極為困難的任務，但還是有幾種方法可以用。雷蒙德・戴維斯自一九六八年起，於美國的金礦礦坑中設置大量的氯化物。理論上，來自太陽的微中子會有極小的機率（大概一天會發生一次）與氯反應，使之轉變成氬。經過長期觀察後，確認到確實有來自太陽的微中子與氯反應，但實際的反應數值卻只有理論值的一半左右。這就是著名的「太陽微中子問題」。除了檢測出來自太陽的微中子的戴維斯之外，日本的小柴昌俊等人亦使用位於日本岐阜縣神岡礦山的實驗設施「神岡探測器」，初次檢測到由**超新星爆炸**所產生的微中子。戴維斯與小柴昌俊便以此獲得了二〇〇二年的諾貝爾物理學獎。

那麼，為什麼檢測出來的太陽微中子數目，比理論值還要少呢？難道當時的人們對於太陽內部的核融合反應理解錯了嗎？不，錯的是人們對於微中子的理解。

當時的人們認為微中子沒有質量。不過當時的人們已知，要是微中子有質量的話，一種微中子就會轉變成另一種微中子。這個過程又稱為「微中子振盪」。戴維斯的檢測方式只能用來檢測電微中子，但如果電微中子有質量的話，在它從太陽來到地球的過程中，就會因為微中子振盪而轉變成其他種類的微中子，而沒辦法被檢測到（圖2-2）。

圖2-2 來自太陽之微中子的變化

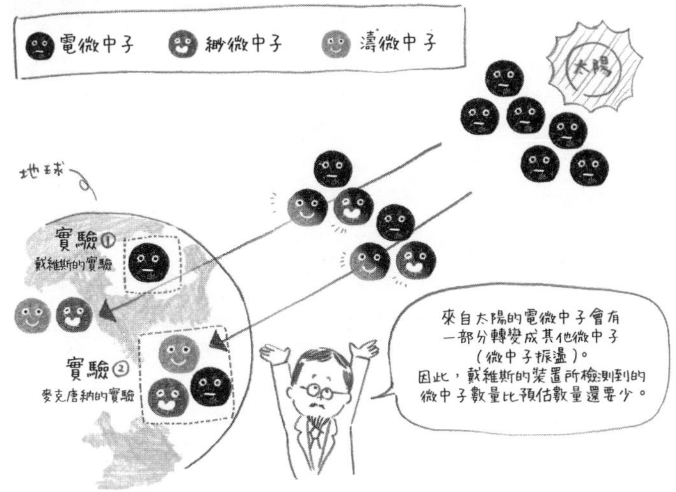

電微中子
緲微中子
濤微中子
太陽
地球
實驗①
戴維斯的實驗
實驗②
麥克唐納的實驗
來自太陽的電微中子會有一部分轉變成其他微中子（微中子振盪）。因此，戴維斯的裝置所檢測到的微中子數量比預估數量還要少。

那麼，實際上真的發生了微中子振盪嗎？戶塚洋二和梶田隆章的團隊，利用由神岡探測器改良而成的超級神岡探測器進行觀測，證實抵達地球大氣的緲微中子會轉變成濤微中子，並於一九九八年時發表了這個結果。

之後在二〇〇一年時，阿瑟・麥克唐納的團隊從來自太陽的微中子中，成功鑑定出全部的三種微中子，且這三種微中子的總量，和理論上可抵達地球的太陽微中子量一致。到這裡，我們已經可以確定太陽內正在進行核融合反應。確定太陽內部會進行核融合反應後，基本粒子物理學的理論也跟著改寫，並得到「微中子有質量」的結論。梶田隆章與麥克唐納因為發現了微中子振盪現象，獲得了二〇一五年的諾貝爾物理學獎。可惜的是，因為戶塚洋二在二〇〇八年時去世，故沒有拿到諾貝爾獎。

老師的
提問

「我們都來自星星」是什麼意思呢？

我們的周圍有各式各樣的物質，這些物質究竟是由什麼東西組成的呢？人類自古以來就在思考這些問題。

古希臘人認為，這個世界上的所有物質都是由四種元素（水、空氣、水、土）所組成；古中國則有所謂的五行說，認為所有物質都是由五種元素（木、火、土、金、水）所組成。生活在現代的我們，知道周圍的一切物質皆是由週期表內的各種元素組合而成。那麼，這些元素又是從哪裡來的呢？

思考這個問題時有一個很重要的原則，那就是「地球的常態，並非宇宙的常態」。圖2-3左顯示了地球上各種元素的比例。由這張圖可以看出地球上含有大量的氧、岩石（SiO_2）的主成分矽（Si）、鋁（Al）、鐵（Fe）等。另一方面，圖2-3右則顯示了太陽上各種元素的比例。

圖2-3 地球的元素組成（左）／太陽的元素組成（右）

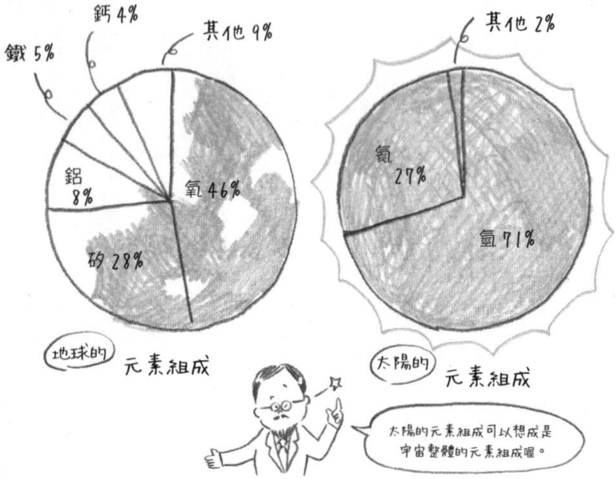

像太陽這樣的恆星在宇宙內隨處可見，所以我們可以把太陽的元素組成比例視為宇宙的元素組成比例。宇宙的元素組成比例明顯與地球不同，宇宙內的元素幾乎全都是氫（H）或氦（He）。由此可以看出地球在宇宙內屬於非常特殊的環境。幾乎所有宇宙內的物質皆是由氫與氦構成的，像是太陽這樣的恆星，更是氫與氦的集合體。

為什麼氫與氦是宇宙的主成分呢？因為氫與氦是宇宙誕生時，也就是大霹靂時產生的元素。宇宙是在一個名為**大霹靂**的大爆炸中誕生的。目前已有許多的觀測結果，證實宇宙誕生時確實發生了大霹靂，這項科學事實已無可動搖。氫與氦就是這時所產生的元素，當時宇宙內的元素僅有氫與氦[*7]。

充滿了整個宇宙的氫與氦混合氣體，在重力的作用下逐漸聚集、收縮，形成很大的氣體集合體。接著，位於氣體集合體中心位置的氫便開始「燃燒」，即進行前面介紹的核融合反應。這就是恆星。包括太陽在內的各個恆星，都是藉由這種「以核融合作用將氫合成為氦」的反應進行燃燒的。

氫的核融合反應不會永無止盡地持續下去。核融合時需要消耗氫元素，中心部分作為燃料的氫元素終究會耗盡。恆星的質量，便決定了該恆星內的氫可以持續燃燒多久。太陽的質量約可讓它燃燒一百億年左右。氫元素燃燒殆盡後，便會開始將3個氦原子進行核融合，得到碳原子。接著這些碳原子會再與氦原子碰撞、進行核融合，生成氧原子等較重的元素。宇宙中氧和碳等等的元素便是藉由這種方式產生。所以說，地球上各式各樣的元素，一開始都是在恆星內產生的。

不過這會產生一個問題。依照當時的理論，3個氦原子並沒有

*7 大霹靂時，也將氫與氦融合，合成出極微量的鋰。

辦法進行核融合反應，進而產生碳原子。若要在恆星內讓3個氦原子核融合成1個碳原子，必須要先生成「某種特殊狀態[*8]」的碳原子才行，但當時的人們並不曉得碳原子存在這種狀態。不過，要是恆星中無法生成碳的話，就沒辦法用這些碳來生成其他包括氧在內的重元素，與地球充滿碳與氧等元素之事實不符。

因此弗雷德・霍伊爾認為，這種特殊狀態的碳原子一定存在，只是我們還沒發現而已[*9]。於是他便在一九五三年時委託威廉・福勒進行測定。

福勒懷疑碳原子是否真的存在這種狀態，不過霍伊爾對他說「對你來說，這項測定只要數天就可以完成了吧。要是找不到的話可能就浪費這幾天，但要是找到的話，就會成為原子核物理學史上最大的一項發現」，這番言論成功說服了他。福勒花了十天左右進行實驗調查碳原子的狀態，最後發現真的存在這種狀態的碳原子。

＊8 這裡指的是躍遷到7.65MeV之共振能階的激發態碳12。這個狀態後來又被稱為「霍伊爾狀態」。

＊9 這是一種「人本原理（anthropic principle）」的思考方式。所謂的「人本原理」，指的是「宇宙的各種條件之所以都恰好能讓人類生存於此，是因為若非如此，就不會有人類存在，更不用說觀測宇宙了」的思考方式。這裡霍伊爾的想法也一樣。他認為，既然現實中人類存在於這個宇宙中，就表示氧元素等較重的元素在宇宙的歷史中必定會被合成出來，那麼碳就必須要變成「霍伊爾狀態」，所以霍伊爾狀態也必定存在。

福勒以這項成果為契機，闡明恆星是藉由怎樣的核融合反應合成各種元素，並於一九八三年時獲得了諾貝爾物理學獎。但另一方面，提議進行這項研究的霍伊爾卻沒有得到諾貝爾獎，這件事也引起了不小的爭議。

由恆星內部的核融合作用所產生的氧、碳等元素，會藉由該恆星的「**恆星風**」，或者是該恆星最後的「超新星爆炸」，散落至太空各處。

恆星中心的氫燃燒殆盡後，會轉變成「**紅巨星**」的狀態，其外圍會大幅膨脹，其中一部分會隨著恆星風散落至太空中。圖2-4上為啞鈴星雲（M27），位於其中心的紅巨星會產生恆星風，將物質撒向周圍，形成我們所看到的雲霧狀態。這種由紅巨星釋放出來的物質所形成的發光星雲，稱為**行星狀星雲**[*10]，而位於中心的紅巨星，在外圍部分被剝離後，會留下名為**白矮星**的天體。一般認為，太陽在五十億年後也會形成白矮星。

至於超新星爆炸，則發生在比太陽重很多的恆星上。這些恆星在生命的最後會發生大爆炸，將恆星內部形成的物質一口氣往周圍撒出。圖2-4下方為蟹狀星雲（M1），是一〇五四年時發生的超新星爆炸的殘骸。之所以能確定它發生在一〇五四年，是因為藤原定家的《明月記》，以及中國的《宋史天文志》中，都有留下相關紀錄[11]。在望遠鏡發明以前，人們以肉眼觀測超新星的紀錄，在全世界只有留下七個，其中三個就出自《明月記》。而業餘天文學家射場保昭在一九三四年向全世界介紹這些紀錄。拜他之賜，我們也明白到《明月記》中提到一〇五四年出現的客星（夜空中突然出現的明亮天體），就是造成現在的蟹狀星雲的超新星爆炸。

剛才我們提到，恆星的核融合反應可以製造出比氦還要重的元素。但事實上，恆星的核融合反應可以製造出來的元素，僅限於比鐵還要輕的元素。不過在我們的周圍卻存在著許多比鐵還要重的元素，像是金、鉑等。目前我們仍不曉得宇宙中的這些元素是在哪裡被製造出來的，不過近年來，有人觀測到可能是這些較重元素的生成現場。那就是**中子星**的相撞。

剛才有提到，質量與太陽相仿的恆星最後會轉變成白矮星，而比太陽還要重很多的星體在轉變成白矮星後，會進一步崩潰成

***10** 這種星雲剛被發現時，因為看起來像行星一樣呈圓盤狀，故命名為「行星狀星雲」。但事實上，行星狀星雲皆位於太陽系以外，與行星沒有任何關係。

***11** 關於一〇五四年的超新星爆炸，《明月記》留下了「後冷泉院 天喜二年 四月中旬以降 丑時 客星觜參度 見東方 孛天關星 大如歲星」（譯：一〇五四年四月下旬的深夜，客星出現於獵戶座東方。與金牛座的天關相當接近，像木星一樣亮）的紀錄。

圖2-4 恆星將物質撒向周圍的樣子

行星狀星雲──啞鈴星雲（M27）

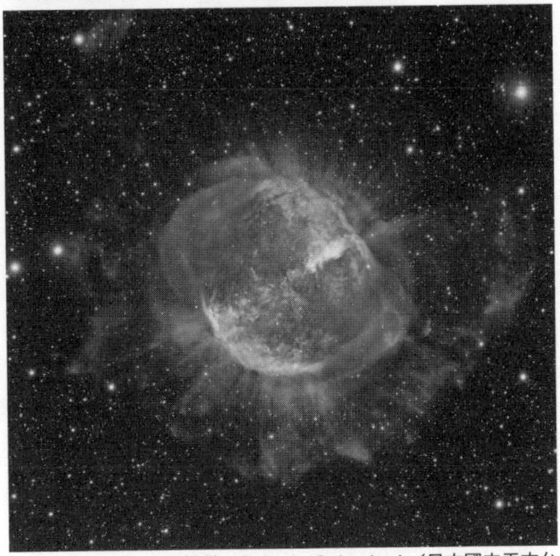

提供：Roberto Colombari／日本國立天文台

超新星的殘骸──蟹狀星雲（M1）

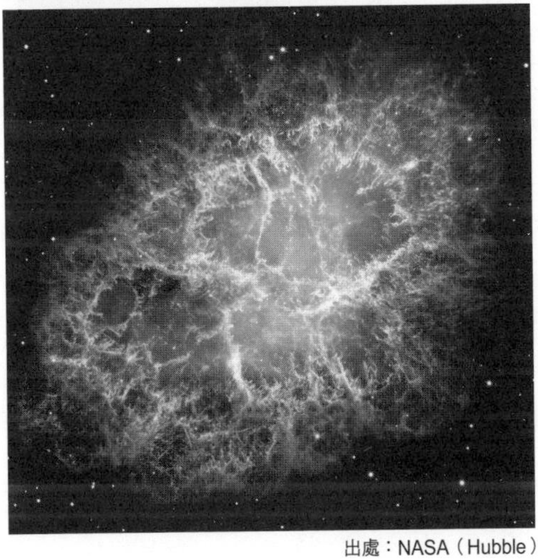

出處：NASA（Hubble）

名為中子星的星體。有人認為，當兩個中子星形成聯星，互相繞著彼此，最後相撞時所產生的核融合反應，便會生成比鐵還要重的元素，並將其撒向周圍。而二〇一七年八月十七日時，人們確實觀測到了這個現象。

一開始我們會先觀測到**重力波**訊號。當時，美國的**重力波檢測裝置Advanced LIGO**觀測到特殊的重力波，並認為這是由中子星相撞所產生的。於是全世界的天文學家便拿起了望遠鏡，朝著重力波的來源方向進行觀測，並找到了中子星相撞後的痕跡。接著，在重力波抵達地球的11個小時後，智利的一個小型望遠鏡觀察到了NGC4993這個離地球1億3000萬光年的星系中，某個星體正在爆發的樣子（圖2-5）。這是中子星相撞後，生成並撒出比鐵還重的元素時發光的樣子，這種現象也稱為「千新星」。由這個觀測，我們可以了解到，比鐵還重的元素確實可能來自中子星的相撞。但另一方面，直到二〇一八年的現在，中子星相撞的觀測案例也只有一個而已，無法說明宇宙中所有比鐵還重的元素是否全是因中子星的相撞所形成，故還有待未來的研究成果證實。

就像這樣，比鐵還輕的元素可以在恆星內部生成，再藉由超新星爆炸撒至宇宙各

圖2-5 日本團隊觀測到的千新星

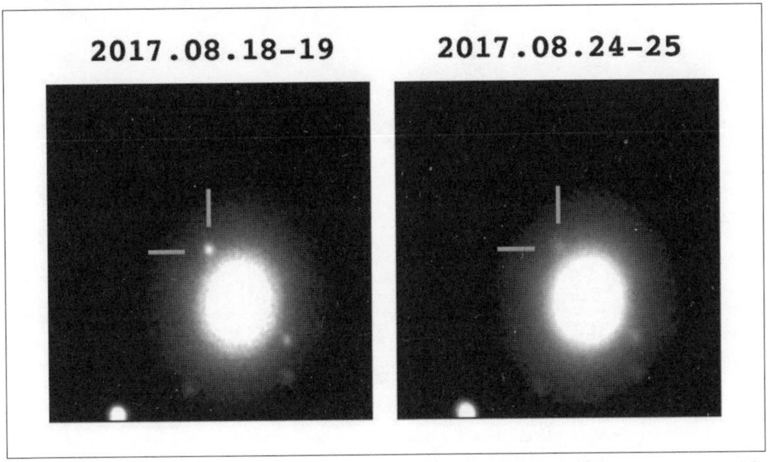

提供：日本國立天文台／名古屋大學

地。另一方面，比鐵還要重的元素（或許）可由中子星相撞生成，再散落至整個太空中。這些物質可再作為原料，形成新的恆星，並生成更多的氧與碳等物質，再將其撒向整個太空中。就這樣，氧與碳等我們熟悉的元素，會隨著宇宙的演進而逐漸增加。

到了現在，太陽系這個地方誕生了由岩石構成的地球，地球外包裹著一層含有大量氧氣的大氣層，以碳元素為主要成分的各種生物在此生活著。換個方式來說，構成我們身體的碳元素與氧元素，都是在地球與太陽系誕生以前，由某個地方的星星製造出來，再撒至整個太空中的元素。所以，說「我們都來自星星」並不為過。

太陽是很特別的星體嗎？

太陽與夜空中的繁星皆為恆星，都是靠自行燃燒發光發熱的星體。太陽之所以看起來特別亮，是因為夜空中的其他星星離我們相當遠，而太陽離我們很近的關係。不管是食物的營養，還是潮汐漲落等自然界中的能源，或是石油等石化能源，其源頭都是太陽。

從地球可以看到多少星星呢？

全天空中，肉眼可見的星星約有8600顆。包含其他肉眼看不到的星星在內，整個銀河系中約有1000億顆星星；在可觀測的宇宙中，則約有2兆個星系。兩者相乘後便可得到宇宙中約有2000垓（$\sim 10^{23}$）顆星星。

太陽是如何燃燒的呢？

太陽的中心會持續進行將4個氫原子融合成1個氦原子的核融合反應，藉此燃燒。此時除了會產生光與熱之外，也會產生微中子。我們可以藉由微中子的觀測，確認太陽的中心確實正在進行核融合反應。

老師的提問

「我們都來自星星」是什麼意思呢？

宇宙誕生時，宇宙中只有氫與氦兩種元素。後來，恆星內部的核融合反應可生成碳與氧元素等，並將其撒至太空中。我們的身體及地球就是以這些元素為原料形成的。

第3章

為什麼夜空中會有銀河呢？

七夕的傳說是什麼呢？

不曾看過銀河的人意外地多。近年來，都會區的街燈過於明亮，使我們很難看得到銀河。如果在沒有月亮的晴朗夜晚下，於沒有光害的昏暗場所仰望夜空，會看到夜空中有一條淡淡發亮的光帶，那就是銀河。

夏天的銀河特別容易看到，如果你不曾看過銀河的話，請在沒有月亮的夏夜時，到沒有光害的地方仰望夜空，試著觀察銀河吧。因為是夏天，所以就算是夜晚也不會覺得冷喔。在夏天觀察銀河時，應該可以看到銀河兩側各有一顆很明亮的星星。這兩顆星星分別是著名的天琴座織女星，以及天鷹座牛郎星。另外，銀河內還有一顆明亮的星星，就是天鵝座的天津四。將這三顆星星連在一起，就構成了夏季大三角（圖3-1）。

織女星與牛郎星的七夕傳說相當有名。這裡就讓我們簡單介紹一下七夕的傳說

圖3-1 銀河與夏季大三角

攝影：有松亘

吧。七夕的傳說源自於中國後漢（西元二五年至二五〇年左右）時期的古老神話「牛郎織女」。天帝（中國古代地位最高的神）的女兒「織女」的工作是編織衣服，她每天都操作著織布機，不知玩樂為何物。天帝覺得她這樣很可憐，於是將住在銀河對岸，負責養牛、老實認真的牛郎介紹給她，後來兩個人也順利成婚。

兩人的婚後生活過得很愉快，但結婚後兩人便只顧著玩樂，惹怒了天帝。天帝便將織女與牛郎分別置於銀河的兩岸，只允許他們在每年的七月七日見面。這個傳說透過遣唐使傳到日本，再與日本原先的習俗混雜在一起之後，便成了日本現在的七夕習俗。

夜空中的銀河、織女星、牛郎星，是現代七夕祭典的主角。然而七月七日時的日本，梅雨季尚未結束，仍是陰濕多雨的季節。那麼，為什麼明明七夕的主角是這些星星，卻要在容易下雨的季節舉行祭典呢？事實上，七夕祭典原本並非在這個季節舉行，而是在日本舊曆（譯註：相當於台灣的農民曆）的七月七日時舉行。舊曆的七月七日換算成現行日本曆法的日期如表3-1所示。由這張表可以看出，原本的七夕皆在梅雨季結束後的八月份。日本知名的仙台七夕祭，就是在舊曆的七夕，也就是八月份時舉行[*1]。

難得有一個祭典與星星有關，於是**日本國立天文台**從二〇〇一年起，將舊曆的七夕取名為「**傳統七夕**」，希望大家能藉由七夕的機會，一起來欣賞夜空的星星。

雖然故事中提到，織女與牛郎會在每年七月七日時見面，但當然，夜空中的織女星與牛郎星不可能會互相靠近。織女星與牛郎星皆為恆星，不會改變他們在夜空中的位置。那麼，織女和牛郎要如何渡過銀河相會呢？

***1** 另外，仙台J聯賽中的隊伍——仙台維加泰（Vegalta Sendai）名稱就是源自於仙台著名的七夕祭。Vegalta是織女星（Vega）與牛郎星（Altair）的組合字。

圖3-2 傳統七夕時的月亮位置

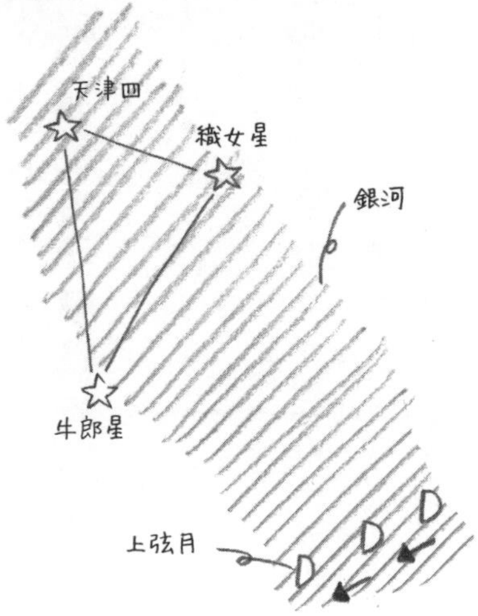

表3-1 2019年以後的傳統七夕

2019年	8月 7日
2020年	8月25日
2021年	8月14日
2022年	8月 4日
2023年	8月22日
2024年	8月10日
2025年	8月29日
2026年	8月19日
2027年	8月 8日
2028年	8月26日
2029年	8月16日
2030年	8月 5日

（出自日本國立天文台）

過去的七夕定在舊曆的七月七日，舊曆是以月亮的盈缺作為基準，而舊曆的七月七日必定為上弦月，而且在七夕前後那幾天正好會在牛郎星與織女星附近跨過銀河，如圖3-2所示。上弦月如其名所示，缺少上半部，看起來就像銀河上的一條小船。故可以解釋成織女或牛郎坐上月亮這條小船，渡過銀河與對方相會。從這件事我們也可以知道，七夕本來是在舊曆慶祝的。

銀河是由什麼構成的呢？

那麼，銀河究竟是由什麼東西構成的呢？為什麼只有夜空的一部分會像河流一樣，發出淡淡的光芒呢？為了回答這個疑問，先讓我們來看看銀河的整體樣貌。

圖3-3是銀河的整體樣貌。這張照片是將北半球看到的銀河與南半球看到的銀河合成在一起的照片。事實上，地球上不存在能一次看到整個銀河的地方（如果是在太空旅行的話，就有可能看得到）。在地球上抬頭仰望夜空所看到的銀河，只是這個銀河的一部分。

第一個看到銀河實際樣貌的是先前也有登場的伽利略・伽利萊。他用當時最先進的工具「望遠鏡」觀察宇宙時，發現月球的表面凹凸不平、土星環、金星的盈缺、繞著木星轉的伽利略衛星等過去沒有人看過的景象。當伽利略將望遠鏡的方向朝向銀河時，他看到視野內充滿了大量的星星。由這項觀測，伽利略發現銀河是肉眼看不到的

圖3-3 銀河的整體樣貌

出處：ESA

昏暗星體的集合。

那麼，為什麼夜空中會有那麼多星星聚集在銀河呢？要回答這個問題，必須先思考「宇宙是由什麼東西構成的」這個問題才行。

宇宙是由什麼東西構成的呢？最有可能聽到的答案應該是「星星」吧。沒錯，夜空中有為數眾多的星星閃閃發光，宇宙中也確實有著數不清的星星。但當我們從比較廣的視角來看整個宇宙時，會發現與其說宇宙是由「星星」構成，不如說宇宙是由「**星系**」構成的比較正確。

那麼，「星系」又是什麼呢？簡單來說，星系就是星體聚集而成的群體。圖3-4為**昴星團望遠鏡**拍攝到的**仙女座星**

圖3-4 昴星團望遠鏡的超廣角鏡頭HSC所拍攝到的仙女座星系

提供：上坂浩光／HSC Project／日本國立天文台

系照片。一個星系約有1000億顆像太陽這樣的恆星。也就是說，宇宙中的恆星並非四散於各處，而是會形成像星系這樣的星體集團。而宇宙中存在著許多像這樣的星系。

星體會聚集成像星系這樣的集團，當然，我們所居住的太陽系也在某個星系的內部。我們太陽系所屬的星系稱為「**銀河系**[*2]」。如其名所示，夜空中所看到的銀河，就是屬於銀河系的我們，從銀河系之中看到的銀河系樣貌。

如圖3-5所示，我們所居住的太陽系距離銀河系中心約2萬7000光年，在靠近銀河系邊緣的地方。銀河系是一個圓盤狀的平面，故當我們從地球看向銀河系中心時，會看到一條由恆星聚集而成的光帶。也就是說，銀河就是從地球看到的銀河系樣貌。

順帶一提，七夕時北半球為夏天，這時的銀河之所以會特別漂亮，是因為我們剛好看著銀河系中心的方向。北半球冬天晚上時，銀河系中心在我們的背後，我們看到的銀河是銀河系的邊緣。因此和夏天相比，冬天的銀河模糊許多。

就像太陽系內的行星會因為重力而繞著位於中心的太陽公轉一樣，太陽系本身也會繞著銀河系的中心公轉。太陽系繞銀河系轉一圈所需的時間（也就是太陽系的公轉週期）約為兩億年左右。也就是說，就像太陽系中心有一個太陽一樣，銀河系中心應該也有某個質量很大的天體才對。銀河系的中心在人馬座的方向，那裡有個名為人馬座A*、質量為太陽的400萬倍的**超大質量黑洞**。而且一般認為，不只是銀河系，所有的星系中心應該都有個超大質量黑洞。

＊2 在日文中，「銀河（ぎんが）」與「銀河系（ぎんがけい）」這兩個詞看起來很像，但指的是完全不同的東西。日文的「銀河」指的是中文的「星系」，也就是表示星星集團的一般用語，「銀河系」指的則是許多星系當中，我們所居住的星系，是專有名詞。

圖3-5 太陽系在銀河系中的位置，以及從太陽系看到的銀河

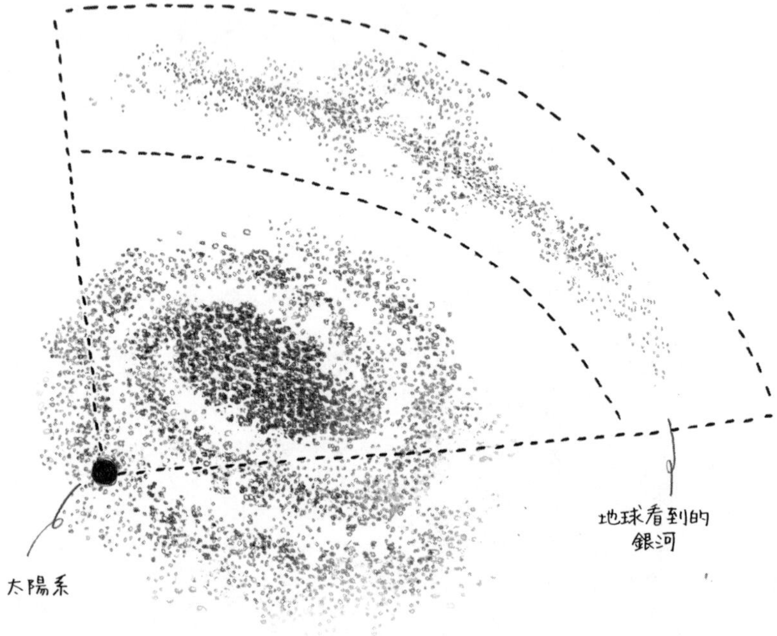

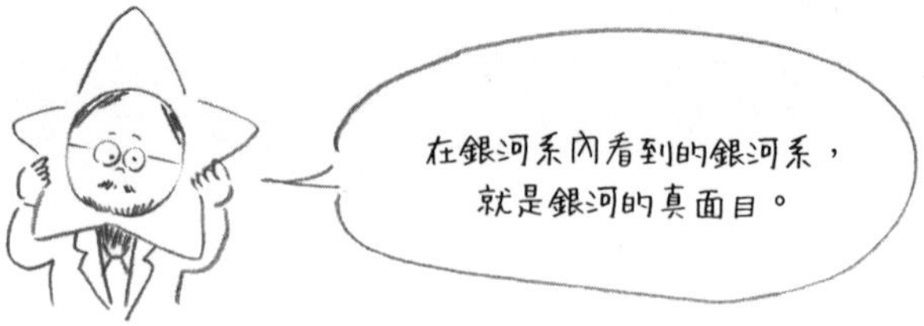

肉眼看得到星系嗎？

我們在夜空下所能看到的星星，幾乎全都是屬於銀河系的恆星。銀河系以外的恆星無法以肉眼觀察，因為離我們太遠，肉眼看不見。雖然我們無法用肉眼看到銀河系以外的星星，卻看得到這些星星聚集而成的星系。譬如北半球就看得到圖3-4中介紹過的仙女座星系。

仙女座星系是與銀河系毗鄰的星系，比銀河系略大一些，與銀河系的距離約為250萬光年，是肉眼可見的最遠天體。雖說肉眼可見，但看起來也只是一個黯淡的天體而已，如果沒有在非常暗的地方觀賞就看不到。

另外，如果你到南半球的話，可以看到我們在第1章中提到的「大麥哲倫星雲」與「小麥哲倫星雲」（圖3-6），這兩個也是位於銀河系之外的星系[*3]。與銀河系和仙女座星系相比，大小麥哲倫星雲相當小，分類上屬於「**矮星系**」。簡單來說，可以把它們想成是在銀河系外圍環繞的衛星星系。

我們的銀河系與毗鄰的仙女座星系正因重力而互相吸引拉近，在約四十億年後會撞在一起，成為一個更大的星系。這個撞擊後生成的星系名稱為Milkomeda，取自銀河系（Milky Way Galaxy）與仙女座星系（Andromeda）的名稱。圖3-7為銀河系與仙女座星系相撞時，如果能從地球上看到會是什麼樣子的想像畫面。

其實這種星系之間的撞擊，在宇宙內很常發生。圖3-8中正在融合的星系就是其中一個例子。一般認為，在宇宙誕生以後的歷史中，我們的銀河系就是因為接二連三的撞擊與融合而逐漸壯大的。

這裡再告訴各位一個有些不可思議的事實，在這種星系相撞融合的事件中，各星系內的恆星並不會撞到彼此。聽起來很難以想像對吧？這是因為星系內部其實相當「空蕩」。

由圖3-4和圖3-8的星系照片看來，星系內部像是塞滿

*3　大麥哲倫星雲與小麥哲倫星雲皆為銀河系以外的星系，正確來說，應稱其為「（大小）麥哲倫星系」才對，但因為歷史上的因素，使麥哲倫星雲這個名字一直沿用到現在。說到麥哲倫星雲，可能會讓你想到《宇宙戰艦大和號》的目的地伊斯坎達爾之類的地方。不過二〇一二年的重製版《宇宙戰艦大和號2199》已將其改稱為「麥哲倫星系」。

圖3-6 大麥哲倫星雲（右上）與小麥哲倫星雲（左下）

出處：ESO

圖3-7 銀河系正要與仙女座星系相撞時，
從地球上看到的想像畫面

出處：NASA

圖3-8 星系相撞的例子

雙鼠星系

NGC 2207與IC 2163

出處：NASA（Hubble）

了各種星體一樣，但事實並非如此。舉例來說，太陽與距離太陽最近的恆星「比鄰星」就隔了約4・2光年（約40兆km）之遠，然而太陽的直徑只有約140萬km。如果太陽是一顆直徑1・4cm大的小鋼珠的話，那麼太陽與比鄰星的距離就相當於從東京到大阪那麼遠。因為星系內的恆星密度就是那麼低，所以即使星系相撞，星系內的恆星也不會直接撞到彼此。

老師的提問

星系有哪些種類呢？

圖3-4的仙女座星系是從斜上方看向仙女座星系的樣子。那麼，如果我們想看到仙女座星系的整體樣貌，有沒有辦法拍到從上往下看的仙女座星系照片呢？可惜的是，我們無法拍到這種照片。如果一定要從上往下拍整個仙女座星系的話，就必須前往仙女座星系的上方才行，這代表我們必須把相機帶到離我們250萬光年遠的地方才行。雖說如此，我們還是想知道從星系的上方看向整個星系時，會看到什麼樣的畫面。既然如此，就必須找找看有沒有哪個別的星系可以讓我們從它的正上方看到整個星系的樣貌。圖3-9就是從正上方俯瞰的星系（M74與NGC1300）以及從側面看過去的星系（NGC4565）[*4]。

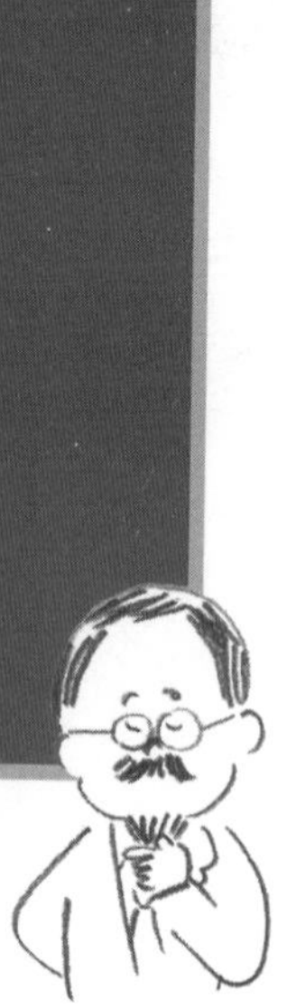

＊4　從正上方俯瞰稱為face-on，從側面看過去稱為edge-on。我們會用「M74是一個face-on星系」之類的方式描述它們。

圖3-9 各式各樣的星系

螺旋星系M74

出處：Descubre Foundation, Calar Alto Observatory

棒旋星系NGC1300

出處：NASA（Hubble）

橢圓星系M87

出處：CFH

螺旋星系NGC4565

出處：CFH

首先，請先看由上往下俯瞰星系M74的照片。這種形狀的星系稱為「**螺旋星系**」。螺旋星系的星體呈圓盤狀分布，且星體會集中分布在幾條曲線上，這些曲線稱為星系的「旋臂（spiral arm）」。另外，螺旋星系中有許多像NGC1300這種旋臂特殊、中心部分變成棒狀的星系，這種星系稱為「**棒旋星系**」。

接著，讓我們來看看從側面觀看的星系NGC4565。NGC4565也被認為是螺旋星系[*5]，但是從側面看過去時，會看到正中間有個名為「核球」的膨脹結構，核球周圍則有許多星體呈薄薄的圓盤狀分布，與從上方往下看的星系結構有很大的不同。我們沒辦法從各種角度觀察同一個星系的樣子，僅能藉由觀察許多角度不同的星系，拼湊出螺旋星系與棒旋星系的全貌，試圖找出它們的特徵。

提到「星系」，一般人應該會聯想到像圖3-9上方的螺旋星系或者是棒狀星系吧。不過，星系並非只有這兩種。除了這兩種星系之外，還有一個很大的分類叫做**橢圓星系**。

***5** 也有一說認為它是棒旋星系。因為我們只能看到它的側面，所以難以判斷它是否有棒狀結構。

圖3-10 哈伯音叉圖

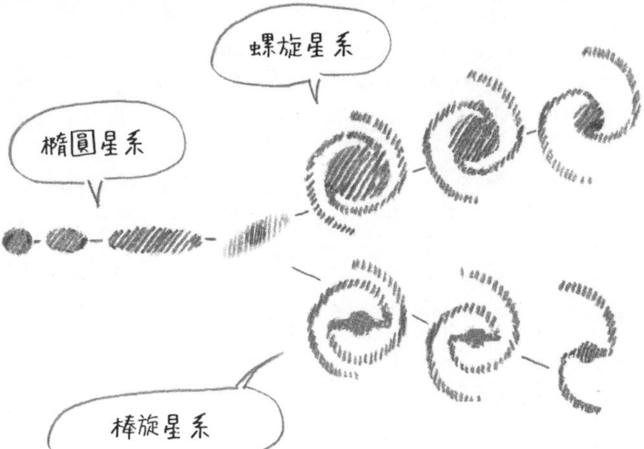

圖3-9左下方的M87就是橢圓星系。橢圓星系與螺旋星系不同，沒有像螺旋星系那麼帥氣的結構。橢圓星系看起來只是一群星體聚集而成的樣子，外觀不怎麼起眼，和我們印象中的「星系」不大一樣。不過一般來說，橢圓星系都是比螺旋星系還要大上許多的龐大星系。

最先依照形狀為星系分類的人是**愛德溫・哈伯**。哈伯將星系依形狀進行分類，如圖3-10所示。這個形狀看起來就像是樂器中的音叉一樣，故也被稱為「**哈伯音叉圖**」。

在哈伯的年代，科學家們認為星系是從橢圓星系，演變成螺旋星系與棒旋星系的樣子（也就是從圖3-10的左方往右方演變）。

現在的理論則剛好相反。觀測過各式各樣的星系之後，科學家們發現螺旋星系與棒旋星系內，星體形成的活動比較活躍，年輕的星體比較多；另一方面，橢圓星系內則幾乎沒有新的星體形成，有許多古老的星體。由這樣的觀察，現在人們認為橢圓星系是螺旋星系等其他星系相撞後融合而成的。

其他星系的種類還包括圖3-8中正在相撞融合的星系，以及圖3-6中的麥哲倫星雲等矮星系等等。這些形狀的星系都沒有出現在哈伯音叉圖中，又稱為「**不規則星系**」。

那麼，我們居住的銀河系又是屬於哪一種星系呢？因為我們自己就住在銀河系內，要看到銀河系的整體樣貌反而相當困難。就像是當局者迷、旁觀者清一樣。由最新的天文觀測結果，一般認為我們的銀河系是棒旋星系。

七夕的傳說是什麼呢？

在中國古代的神話中，織女（織女星）與牛郎（牛郎星）會在每年的七月七日相會，這就是七夕的傳說。原本七夕是在舊曆的七月七日慶祝，現在卻是在新曆的七月七日舉行祭典。近年來，日本將舊曆的七夕稱為「傳統七夕」，並舉辦觀星活動。

銀河是由什麼構成的呢？

我們居住的太陽系位於名為銀河系的恆星集團邊緣。從這裡往銀河系中心看過去時，可以看到恆星密集分布在一條帶狀區域上，這就是我們在夜空中看到的銀河。

肉眼看得到星系嗎？

肉眼看得到的星系包括在銀河系周圍、繞著銀河系轉動的大小麥哲倫星雲，以及離我們很近的巨大星系仙女座星系等。仙女座星系與銀河系因重力而彼此吸引，一般認為在距今約四十億年後，兩者會彼此相撞。

老師的
提問

星系有哪些種類呢？

星系可分為「螺旋星系」與「橢圓星系」等不同的種類。一般認為，我們所居住的銀河系是「棒旋星系」。

第4章

存在另一個地球嗎？

究竟什麼是「行星」呢？

抬頭看向夜空時，可以看到數不清的星星。「既然星星那麼多，宇宙中的某處一定也有著和地球相似的天體」，想必許多人都曾有過這樣的想法吧。這裡就讓我們來討論「另一個地球」這個題目。

「與地球相似的天體」是什麼樣的天體呢？地球是繞著太陽公轉的「**行星**」。那麼，「行星」又是什麼呢？二〇〇六年八月於布拉格舉行的**國際天文學聯合會（IAU）**全體會議中，確定「太陽系的行星定義」如下：

太陽系的行星為（a）繞著太陽公轉、（b）擁有足夠大的質量，能以自身重力維持流體靜力平衡（接近球狀的形狀）、（c）能夠清除相似軌道上其他星體的天體。

由這個定義，太陽系的行星共有水星、金星、地球、火星、木星、土星、天王星，以及海王星共8個。冥王星則被排除在行星之外。

讓我們簡單說明一下這個定義。首先是（b）。簡單來說，（b）的條件就是要求行星應該要「夠大並且是球狀」。夠大的天體可以靠自身的重力使其成為球狀，但小而輕的天體則會因為重力不夠強而無法成為球狀。

舉例來說，請看圖4-1上方。這是**宇宙航空研究開發機構（JAXA）**的**小行星探測器隼鳥號**捕捉到的小行星糸川的樣子，很明顯不是球狀對吧？外形的大小上，糸川最長的地方僅約535m，比東京晴空塔還要短。這麼小的天體重力也很弱，無法成為球狀。

另一方面，圖4-1下方的照片為小行星帶中最大的小行星穀神星。其直徑長達950km，故可以形成球狀。也就是說，若要成為行星，必須要「夠大並且是球狀」才行。在條件（b）的限制下，「糸川」就不是行星。

接著來看（a）的條件吧。（a）中提到太陽系的行星必須為「繞著太陽公轉」的

圖4-1 小行星糸川與矮行星穀神星

JAXA／ISAS的探測器隼鳥號拍攝到的小行星糸川

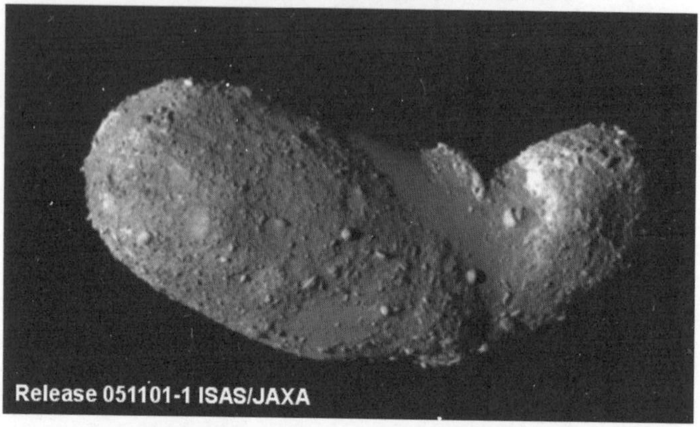

提供：JAXA

NASA的探測器拍攝到的矮行星穀神星

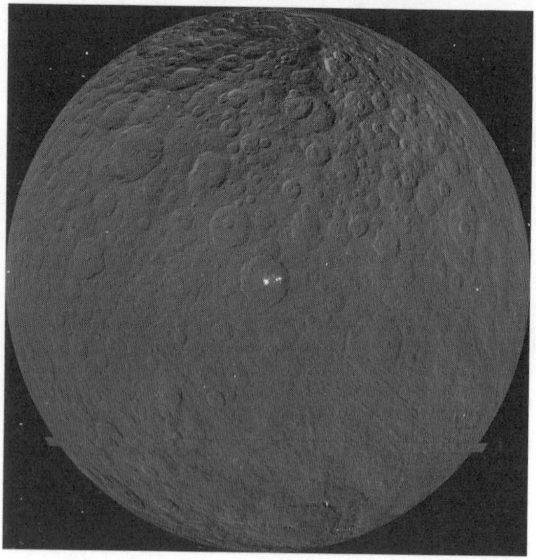

出處：NASA

天體。聽起來是個理所當然的條件，那為什麼還要特地寫出這段敘述，作為行星的定義呢？

表4-1列出了太陽系內的各個天體，並由大到小排列。由這張表可以看出，水星雖然是行星，卻不是太陽系的前十大天體。木衛三與土衛六（泰坦）的直徑比水星還要大。也就是說，若僅以大小來定義行星的話，那麼把水星劃為行星時，就不得不讓木衛三與土衛六也歸為行星。

因此，定義太陽系的行星時，必須用到條件（a），這樣才能將作為衛星的木衛三、土衛六，以及月球排除在行星的定義之外。

將（a）、（b）這兩個條件合在一起，可以得到：滿足「繞著太陽公轉的大型球狀天體」這個條件的就是行星。然而太陽系中有非常多的「大型球狀」天體，如果把這些天體都歸類為行星的話，就會和我們過去對「行星」一詞的印象有很大的差異。我們還是希望能被我們稱為「行星」的天體，是一個足夠大的天體。因此我們需要條件（c）來定出行星大小的下限。

愈大的行星重力愈強，可以吸引周圍的物體靠近。故行星就像太陽系內的吸塵器

表4-1　太陽系各天體大小排名（2018年）

排名	名稱	直徑（km）	天體種類
1	太陽	1392000	恆星
2	木星	139822	行星（氣態巨行星）
3	土星	116464	行星（氣態巨行星）
4	天王星	50724	行星（冰巨行星）
5	海王星	49244	行星（冰巨行星）
6	地球	12724	行星（類地行星）
7	金星	12104	行星（類地行星）
8	火星	6780	行星（類地行星）
9	木衛三	5262	木星的衛星
10	土衛六	5152	土星的衛星
11	水星	4879	行星（類地行星）
12	木衛四	4820	木星的衛星
13	木衛一	3643	木星的衛星
14	月球	3474	地球的衛星
15	木衛二	3122	木星的衛星
16	海衛一	2707	海王星的衛星
17	鬩神星	2600	矮行星（類冥矮行星）
18	冥王星	2390	矮行星（類冥矮行星）
19	天衛三	1578	天王星的衛星
20	（225088）2007 OR10	1535	矮行星候選天體

圖4-2 ALMA觀測到的金牛座HL星周圍的樣子

提供：ALMA（ESO／NAOJ／NRAO）

一樣，在繞行太陽公轉的同時，會藉由重力持續吸收路徑（公轉軌道）上的天體，最後軌道上便只剩下這顆行星。

也就是說，條件（c）定義行星應為「擁有很強的重力，可以像吸塵器一樣將自己繞行路徑上的天體清除乾淨的巨大天體」。圖4-2是位於智利、世界最大的**電波望遠鏡ALMA**所觀察到的金牛座HL星，這個正可說是行星所造成的現場畫面。行星清除軌道上的物體時，可以看到像是同心圓的樣子。

若依循這個條件（c），例如圖4-1下方的穀神星，雖然位於小行星帶上，但就如小行星帶這個名稱一樣，穀神星的公轉軌道上還存在著許多其他的小行星。也就是說，穀神星並沒有大到能夠清除小行星帶上的其他天體。故在條件（c）的限制下，穀神星不屬於行星。

事實上，在一八〇一年發現穀神星後的近五十年內，穀神星都被分類在行星，但是之後科學家們發現穀神星周圍有許多的小型天體（即發現小行星帶），至今已經發現了超過1萬顆。因此大家漸漸地不再將穀神星視為行星，而是視為這些為數眾多的小行星中，特別大的一顆小行星。

冥王星也是因為類似的原因而被剔除在行星之外。在二〇〇六年八月之前，還未確定行星的定義，此時的冥王星仍被分類在行星當中。

不如說，在這之前，科學家們並沒有嚴格定義什麼是「行星」。隨著天文觀測技術的發展，科學家們發現了比冥王星還要大的鬩神星。如果將冥王星歸類為行星的話，比冥王星還要大的鬩神星也必須歸類為行星才行。而且今後天文觀測技術還會愈來愈進步，未來很有可能會發現比冥王星還遠、比冥王星還大的天體。要是將這些星體都歸類為行星的話，太陽系內的行星就會愈來愈多，和我們自古以來日常生活中對於「行星」這個字的印象也會愈來愈遠。

於是，國際天文學聯合會便嚴格定義了太陽系的行星。由於設置了條件（c），冥王星以及之後發現的各個比冥王星還要大的天體都被排除在行星的範圍之外，並被劃入「矮行星」這個新的分類。

當初通過這個行星定義的時候，許多媒體都用「冥王星從行星降格為矮行星」之類的聳動標題來報導這件事。但我個人認為，這個決定對冥王星來說其實是「升格」，而不是「降格」。

由表4-1可以看出，冥王星的大小明顯比其他行星還要小。冥王星的半徑不到最小的水星的一半，公轉軌道和其他行星相比也很不一樣[*1]。這樣看來，如果冥王星還被歸類在行星的話，就會是一個「又小又奇怪的行星」了。

可是近年來，隨著觀測技術的進步，人類對於太陽系的認識也有了很大的進展，了解到太陽系內有許多像冥王星一樣的天體，這些天體被劃分為一個新的分類「類冥矮行星」。也就是說，從行星中除名的冥王星，成為了新分類「類冥矮行星」的代表星體。

***1** 行星的軌道接近圓形，且軌道面與黃道面相當接近。另一方面，冥王星的軌道為橢圓軌道（離心率＝0.25），軌道面與黃道面的夾角亦很大（軌道傾角＝17度）。

圖4-3 NASA探測器New Horizons拍到的冥王星

出處：NASA

要注意的是，我們前面介紹的行星定義，僅適用於「太陽系的行星」。事實上，近年來科學家們發現了許多太陽系外的行星，其中亦包括了許多性質與太陽系的行星完全不同的行星。

目前我們仍沒有一個明確的基準，定義太陽系外的哪些星體才是「行星」。

我們如何發現遠方的行星呢？

太陽系內像地球一樣有溫暖表面與海洋的行星，只有地球一個而已。那麼，太陽系以外的行星，也就是「**系外行星**」又是如何呢？太陽系外存在與地球類似的行星嗎？以下就讓我們來談談如何從太陽系外的星體中，找出類似地球的行星吧。有一點要先提的是，太陽系內的行星皆繞著太陽轉，系外行星則是繞著其他的恆星公轉，以下我們會將系外行星的公轉中心恆星稱為「主星」。

行星不像恆星那樣會自行發光，故要發現行星是相當困難的事。舉例來說，天鵝座的天津四距離地球1400光年（約1・3京km），卻因為它有1等星的亮度，故肉眼便可清楚看到天津四；相對的，天王星與海王星等行星僅距離地球20到30天文單位[*2]（30到45億km），卻無法以肉眼看到。更不用說繞著距離我們好幾光年的恆星公轉的行星，要找到這些行星實在是相當困難。即使如此，天文學家們仍不放棄，持續用望遠鏡觀察夜空，想盡辦法看遍夜空的每一個角落，尋找在黑暗中放出微小光芒的類地球行星。

一九九二年時，科學家首次確認到了系外行星。這些行星繞著脈衝星PSR1257+12旋轉[*3]，這顆脈衝星後來被命名為巫妖星。

所謂的脈衝星，指的是高速旋轉的中子星，它會像燈塔一樣週期性地將脈衝打向地球。如果脈衝星的周圍有行星繞著轉的話，原本應該規律打出的脈衝波就會出現時間上的偏差。分析出這微小的偏差，就可以知道脈衝星的周圍有行星在繞著轉。這種發現系外行星的方法稱為「脈衝星計時法」。

用這種方式發現的系外行星明顯與太陽系的行星有很大的不同。首先，其主星為脈衝星，是一種中子星。中子星是恆星在超新星爆炸後死亡的姿態，故在其周圍發現的行星，也很可能是由超新星爆炸後的殘餘物質組成。我們一開始發現的幾顆系外行

***2** 地球與太陽間的平均距離稱為1天文單位。二〇一二年時，1天文單位定為149597870700m。

***3** 一九八九年時發現的天體HD 114762 b也可能是系外行星。不過我們還不是很清楚這個天體的特徵，故它也可能不是行星，而是棕矮星或紅矮星。若之後確認這個天體是行星的話，這個天體就是人類第一個發現的系外行星。但不是第一個確認的系外行星。

星大都位於死後恆星的周圍，是與太陽系完全不同的環境。因此，人類首次發現系外行星的世界時，並沒有引來全世界太多的注目。

直到三年後的一九九五年，科學家們才首次在「類似太陽的恆星」周圍，發現繞著恆星轉的系外行星。飛馬座的室宿增一（飛馬座51）距離地球約51光年，是一顆與太陽類似，相當平凡而未曾引起過科學家們注意的恆星。日內瓦大學的米歇爾・梅爾與他的學生迪迪埃・奎洛茲在這顆恆星的周圍發現了系外行星。現在的人們提到「第一顆發現的系外行星」時，通常是指這個例子。

那麼，梅爾和奎洛茲又是如何發現繞著類太陽恆星公轉的行星的呢？其發現的方法如下。

我們常說「地球繞著太陽轉」，但嚴格來說這並不正確，正確的說法應該是「太陽與地球皆繞著共同的質心旋轉」才對。也就是說，如果恆星有行星的話，這個恆星也會小幅度地進行「公轉」。因此，雖然我們無法直接看到行星的樣子，但當我們看到恆星有小幅度公轉的狀況時，就可以判斷這個恆星可能擁有行星。

我們可以用「**徑向速度法**」，也就是光的**都卜勒效應**來發現恆星小幅度的公轉

圖4-4 徑向速度法

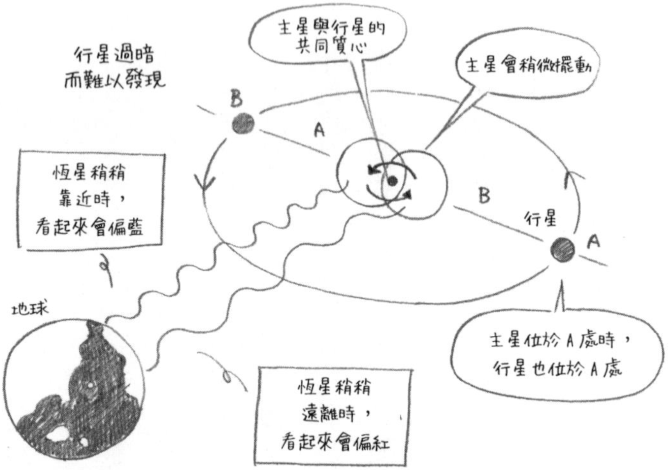

（圖4-4）。當救護車通過眼前時，警鈴的音高聽起來會不一樣，這就是都卜勒效應。當救護車接近時，警鈴的音高聽起來比較高；當救護車遠離時，警鈴的音高則聽起來較低。這種現象也會發生在來自恆星的光芒，故正在靠近我們的星體，發出來的光會偏藍；正在遠離我們的星體，發出來的光會偏紅。

舉例來說，太陽就會受到最大的行星——木星影響，進行每秒13m的小幅度公轉。如果某個地方的外星人拿著望遠鏡觀測太陽，就會因為太陽受到木星影響的小幅度公轉，而觀測到太陽時而以秒速13m遠離（變紅），時而以秒速13m靠近（變藍）。只要能觀測到這個現象，就算沒有直接看到木星，也可以判斷出太陽周圍應該有木星存在。

或許你會想，這種現象真的有那麼容易觀測到嗎？事實上，目前的觀測技術已經可以檢測出秒速1m以下的「公轉」。

「不動產相關公正競爭規約施行規則」中提到，「徒步時，每走過80m的道路需時1分鐘」。也就是說，人的平均步行速度為分速80m＝秒速1.3m。目前的儀器精度已經可以測出秒速1m的「公轉」，意思是如果將儀器拿來測量一般行人的話，可以發現慢慢走近的行人看起來比較藍，慢慢走遠的行人則看起來比較紅。

太陽系的行星中，內側為類似地球的岩石行星，外側則是類似木星與土星的大型氣體行星。在發現系外行星之前，我們只知道太陽系的樣子，因此我們會把太陽系的樣子當成「宇宙的常態」。可惜這只是人類的誤會。

梅爾和奎洛茲在室宿增一周圍發現的系外行星Dimidium[*4]，擁有與我們熟知的太陽系行星完全不同的性質。Dimidium的質

＊4　飛馬座51「Helvetios（室宿增一）」、繞著它旋轉的行星「Dimidium」，以及前面提到的脈衝星「Lich（巫妖星）」，它們的名稱皆是國際天文學聯合會經公開募集與公開投票後，於二〇一五年十二月時正式確定下來的名字。

圖4-5 熱木星

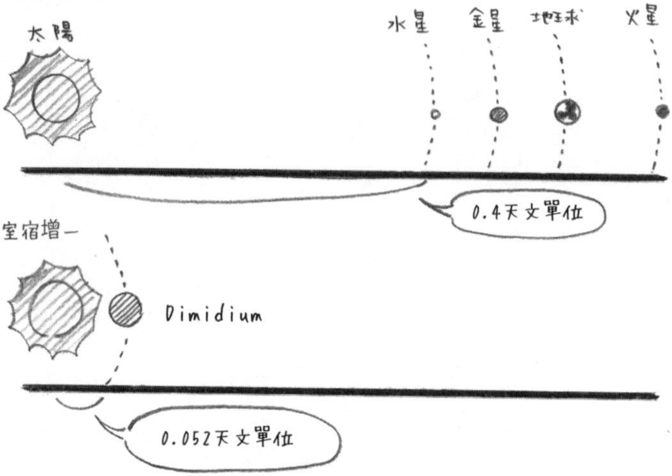

量約為木星的一半，是一個很大的氣體行星，但這麼大的氣體行星，卻和作為主星的室宿增一相當靠近，僅距離０・０５２天文單位，公轉週期也只有４・２３天，轉得很快（圖４-５）。太陽系中，距離太陽最近的行星是水星，其位於距離太陽０・４天文單位的地方，公轉週期為88天。由此應可看出Dimidium離主星有多近，繞主星公轉的速度有多快了吧。因為Dimidium離主星很近，故科學家認為它的表面溫度應該有１０００度左右。在這之後，科學家們又發現了許多像Dimidium這種類似木星，而且幾乎就在主星旁邊繞行的行星，並將其劃為「**熱木星**」這個新的分類。

像Dimidium這種熱木星的軌道，和太陽系的行星軌道實在相差太多，故「認為太陽系是宇宙常態」的各個研究團隊，便忽略了這類行星。等到他們開始發覺到「熱木星這樣的軌道也是有可能的」，重新分析過去的資料後，又從這些資料中找到其他的熱木星。

這正代表著「太陽系的常態，不是宇宙的常態」，在研究系外行星時，必須先捨棄「太陽系的常態」這種先入為主的觀念才行。因為其他團隊被「太陽系的常態」限制住，所以錯過了系外行星的發現。梅爾和奎洛茲則因為沒有被太陽系的常態限制，進而掌握了關鍵，發現環繞著太陽以外的恆星的系外行星。

熱木星的發現也能增進我們對太陽系的理解。到目前為止的太陽系形成理論中，我們都認為太陽系的行星是「於現今所在位置形成」的。也就是說，在原始太陽系中，原始地球就位於距離太陽1天文單位的位置，原始木星就位於距離太陽5・2天文單位的位置。這些理論認為，氣體行星難以在主星附近形成，所以太陽系的氣體行星皆位於遠離太陽的位置。

然而，我們後來發現了熱木星。為什麼這些氣體行星都和恆星距離那麼近呢？目前科學家認為，因為氣體行星難以在主星附近形成，故熱木星應該不是「於現今所在位置形成」，而是「從遠方被拉近至恆星附近」。也就是說，Dimidium剛形成時，就和太陽系的木星一樣，與室宿增一有一段不小的距離，之後在某些因素[*5]的影響下，移動到了主星的旁邊，成為熱木星，這樣的說法日漸受到重視。

另外，因為科學家們在宇宙中發現了許多熱木星，故人們也開始懷疑，在太陽系形成初期時，木星與土星是否也曾經大幅移動過它們的軌道呢？這樣的新理論或許可以說明過去的太陽系形成理論所無法說明的現象。

當我們更為了解太陽系以外的行星系統時，也能幫助我們理解太陽系。就像是藉由了解「他人」來了解太陽系「自己」一樣。

***5** 譬如行星周圍多餘的氣體或塵埃的阻力，或是與其他行星之間的重力交互作用，都有可能是原因。

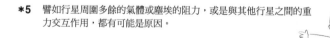

目前已發現多少顆系外行星了呢？

二〇一八年時，我們已經確認到近4000顆系外行星。圖4-6為各年分確認到的系外行星數。由這張圖可以看出，在二〇一〇年以後，人類發現的系外行星數目急遽增加。系外行星探查的革命性進展便由這個時候開始。其主角為**美國航太總署（NASA）**為探查系外行星而於二〇〇九年時送上太空的**克卜勒太空望遠鏡**（圖4-7）。

大家知道二〇〇四年與二〇一二年時曾發生過名為「金星凌日[*6]」的天文現象嗎？如圖4-8下方所示，金星凌日就是金星從太陽前面通過的天文現象。此時，金星會遮住一小部分的太陽，使太陽的亮度稍微變暗（圖4-8上）。因為會遮住一小部分的

＊6 金星凌日是相當罕見的天文現象，人類至今只觀察過七次金星凌日事件。以前金星凌日曾被用來測定地球與太陽的距離，是一個有重要歷史意義的天文現象。前作《宇宙為什麼很「暗」呢？奧伯斯悖論與宇宙的樣貌》有詳細說明這個部分，歡迎有興趣的讀者們參考看看。

圖4-6 各年分已確認的系外行星數

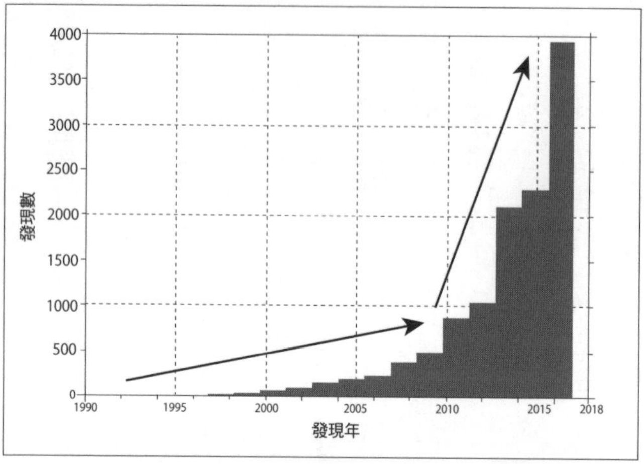

（出自Exoplanet.eu）

圖4-7 NASA的系外行星探測器克卜勒

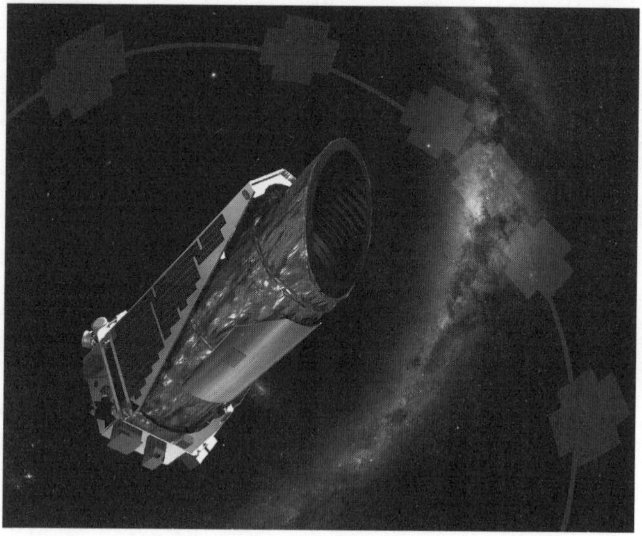

出處：NASA

圖4-8 系外行星的凌日與金星凌日

凌日法的解說

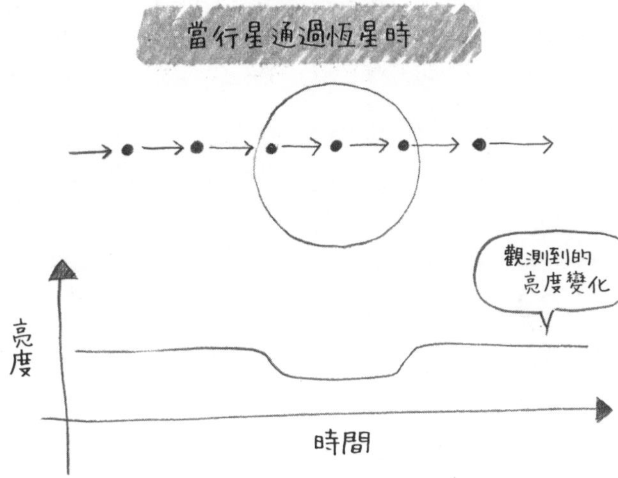

金星通過日面

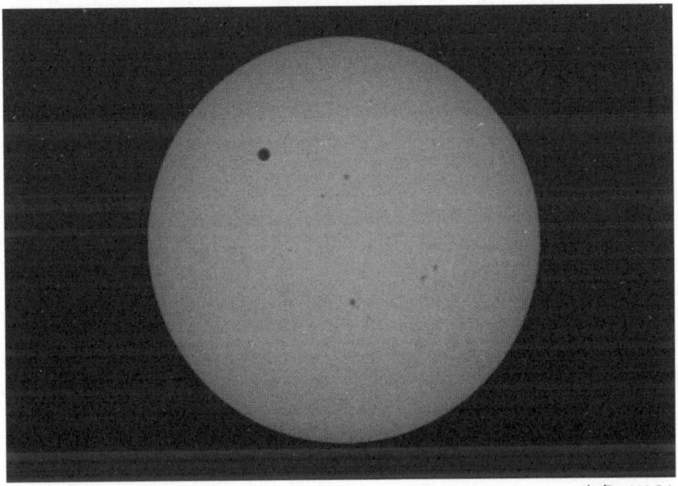

出處：NASA

太陽，所以是一種和日食類似的現象。但是日食時，因為太陽與月亮的大小看起來差不多大，所以大部分的太陽都會被月亮遮住，甚至在日全食時，太陽還會整個被遮住，即使地球是白天，天空也會變得很暗。另一方面，當金星通過日面時，如圖4-8的下方所示，因為相對於太陽而言，金星的體積非常小，所以只能讓太陽變暗0.01%左右[*7]。其他恆星也一樣，若是有行星繞著恆星轉，那麼在某些角度下，也可以觀察到這種恆星稍微變暗的現象。這種發現系外行星的方法，就稱為「**凌日法**」。

若想用凌日法來發現系外行星，我們必須從「側面」觀測恆星的行星軌道面才行。舉例來說，如果有一個太陽系外的外星人正在觀測太陽系，卻是從太陽系的「上方[*8]」進行觀測的話，就沒辦法看到木星或地球的凌日現象。換句話說，只有當我們從太陽系看出去時，剛好會看到某顆系外行星軌道的側面，才有可能觀測得到這顆系外行星的凌日現象（transit）[*9]。這個機率乍看之下很低，但只要觀測大量恆星的話，就能找到剛好位於適當角度的例子了。

＊7　從太陽系的外部觀測太陽系時，當木星通過太陽前方（木星凌日）時，太陽光會減弱1%；地球通過太陽前方時，太陽光則會減弱0.01%左右。

＊8　相當於天龍座的位置。

NASA的系外行星探測器克卜勒，搭載了口徑1・4m的太空望遠鏡[*10]，持續觀察天鵝座的某一點長達三年半，監視視野範圍內約10萬顆恆星的亮度變化。最後，克卜勒探測器發現了2300顆以上的系外行星。這代表，目前人類所發現的系外行星中，有一半以上都是由克卜勒探測器發現的。其中也包括了約30顆位於適居帶（詳情請看第5章）的類地球行星。接著，NASA還在二〇一八年四月時，發射了克卜勒探測器的後繼機器——凌日系外行星巡天衛星（TESS），可以觀測到全天空約50萬顆恆星的凌日現象。未來我們可望藉由TESS發現更多的系外行星。

行星繞著主星旋轉，故凌日現象也會隨著該行星的公轉週期而規律性地出現。也就是說，公轉週期愈短的系外行星，譬如熱木星等，大概每幾天就會出現一次凌日現象。

只要能看到恆星的亮度變化，就能觀測到凌日現象，故凌日現象的觀測不需要用到很大的望遠鏡，用一般市面上販售的業餘

＊9　從太陽系的外部觀測太陽系時，可以觀測得到地球凌日現象的機率約為0.47%。

＊10　雖然這個人造衛星的名稱是克卜勒，但其搭載的望遠鏡卻不是克卜勒式望遠鏡（折射望遠鏡），而是施密特式望遠鏡（反射望遠鏡）。

望遠鏡就能夠觀測到凌日現象了。因此，業餘天文學家和高中的天文社團都可以用自己的望遠鏡觀測到系外行星的凌日現象。

一九九〇年代初期，人類首次觀測到系外行星，大幅改變了人類的宇宙觀。在這之後不到三十年，觀測系外行星就成了一般市民的趣味活動，聽起來很棒對吧？如果大家有興趣的話，可以用自己的望遠鏡，或者使用就讀學校、地方天文台所擁有的望遠鏡，試著觀測系外行星，想像一下宇宙中另一個類似地球的行星長什麼樣子。

老師的
提問

我們可以直接觀察到與地球相似，卻位於太陽系外的行星嗎？

到目前為止，人們已經用前面提到的方法，發現了近４０００顆系外行星。然而，這些方法皆屬於間接觀測，並不是直接捕捉到系外行星的樣貌。一個方法是「檢測出主星在系外行星的影響下所產生的小幅度公轉（都卜勒法）」，另一個方法則是「檢測出主星在系外行星的影響下而變得稍微暗一些（凌日法）」。這些方法都是藉由捕捉到主星的微小變化，進而推論出周圍有行星繞著這顆主星公轉。

接下來，我們希望能夠「直接看到」系外行星的樣貌。如果可以直接看到系外行星的話，就可以得到許多間接觀察時無法得到的資訊，像是系外行星的溫度或大氣組成等，並詳細研究這些特徵。當然，也是為了滿足我們「想要親眼看到系外行星的樣子」的欲望。

但要直接觀測到系外行星是一件非常困難的事。無法自行發光的系外行星非常暗，而且在行星的旁邊就有一顆很明亮的主星。因此，若想觀察到位於明亮主星旁邊的昏暗行星，我們需要高對比的觀測儀器才行，難度相當高。所以，直到二〇一八年，成功直接觀測到系外行星的例子只有10個左右。

我們可以用一種叫做「**日冕儀**」的裝置來觀測明亮主星旁邊的昏暗行星。如名所示，日冕儀原本是用來觀測太陽周圍的日冕的工具，可以遮住中心的眩目太陽（圖4-9上）。日全食時，月亮會遮住整個太陽，使周圍變得像夜晚一樣暗，甚至還看得到星星。而日冕儀就像是日全食的月亮一樣，人為地遮住太陽，使我們能觀測到太陽周圍的樣子。我們可以用同樣的原理，將日冕儀應用在觀測其他恆星上，遮住眩目的主星光芒*11，使我們能直接拍下在主星周圍繞著主星旋轉的系外行星（圖4-9下）。

科學家們就是藉由這種方法，「直接觀察」到繞著其他恆星旋轉的行星。或許我們很快就可以找到像地球一樣存在生命的行星了。

***11** 觀測系外行星時所使用的日冕儀並不是一塊遮住主星的簡單板狀物，而是一個形狀特殊的遮罩。
這種日冕儀可以利用光的波動性質，將被遮罩遮住的主星所發出的光芒，在光波的干涉作用下彼此抵消，使主星周圍變暗。

圖4-9 日冕儀

ESA／NASA的太陽和太陽圈探測器SOHO
使用日冕儀所觀測到的日冕

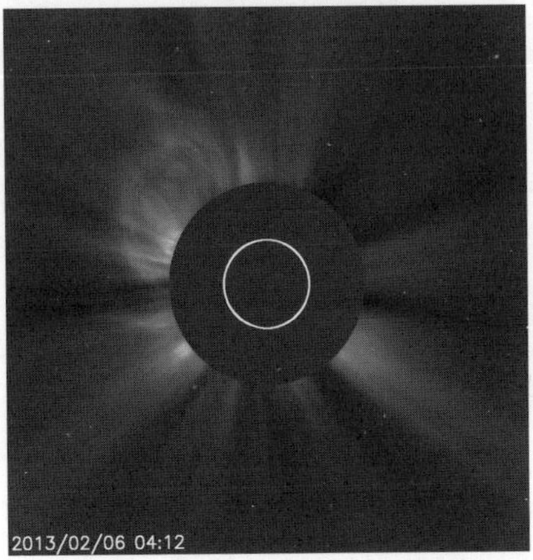

出處：NASA

昴星團望遠鏡使用日冕儀觀測到
繞著HR8799公轉的3個行星

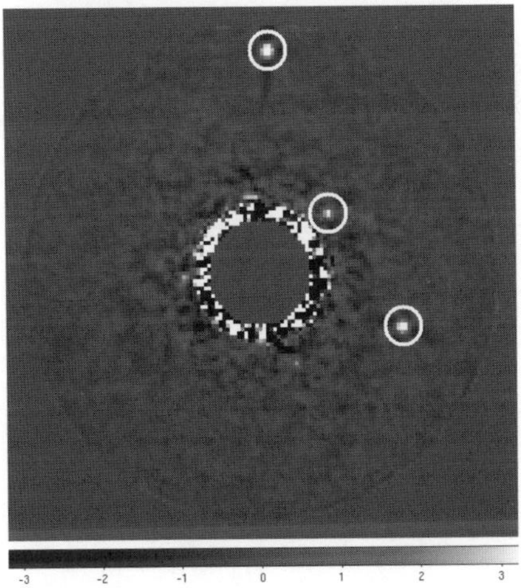

提供：普林斯頓大學CHARIS團隊／日本國立天文台

究竟什麼是「行星」呢？

二〇〇六年八月時，太陽系的行星定義確定了下來。由這個定義，只有「繞著太陽公轉」、「夠大的球狀星體」、「軌道上沒有其他天體」的天體，才叫做行星。太陽系有8顆行星。

我們如何發現遠方的行星呢？

位於太陽系以外的行星（系外行星）過於昏暗，要直接觀測並沒有那麼簡單。第一顆系外行星發現於一九九〇年代。當行星繞著主星公轉時，會使主星出現小幅度的擺動，當時就是靠著這種現象確認到行星的存在。

目前已發現多少顆系外行星了呢？

系外行星探測器克卜勒於二〇〇九年時被送上太空，在它的活躍下，到二〇一八年為止已發現了近4000顆系外行星。其中有不少行星的環境可能與地球相似，上面可能存在生命。

老師的提問

我們可以直接觀察到與地球相似，卻位於太陽系外的行星嗎？

系外行星相當暗，又很接近明亮的主星，故很困難直接觀察到它們。不過最近有人用「日冕儀」這種可以遮住主星光芒的裝置，成功捕捉到了系外行星的樣子。

第5章

外星人存在嗎？

宇宙人存在嗎？

「宇宙人存在嗎？」這是每個人在孩提時一定曾想過的問題。這個問題的答案毫無疑問的是「YES」。宇宙人當然存在。當我這麼斷言時，常會聽到「為什麼你那麼確定呢？如果你那麼確定的話，就拿出宇宙人存在的證據來啊！」之類的回應。別擔心，我當然有證據。你看，你眼前不就有很多宇宙人了嗎？沒錯，地球人也是宇宙人。我們生存於這個世界上，就是這個宇宙中存在著生命的鐵證。我們在日本成長所以是日本人，我們在地球成長所以是地球人，同樣的，我們在這個宇宙內成長，自然就是宇宙人了。所以宇宙人當然存在。

不過，這個問題想問的並不是這個吧。這個問題應該要這樣問才對：「外星生命存在嗎？」

現在就讓我們一起來想想這個問題吧。

直到二〇一八年，我們仍未發現外星生命。換個方式來說，據我所知，我們稱之為生命的物體，就只有存在於地球上的生命這一個例子。因為我們只知道一個例子，所以我們無從得知地球生命的出現在宇宙中是一件很特殊的事，還是一件隨處可見、很普通的事。

地球上的生命幾乎都需要液態水才能存活下去。另外，不管是動物、植物還是細菌，存在於地球上的所有生物，體內的蛋白質都是由被稱為Magic20的20種胺基酸合成出來的，且遺傳資訊會藉由DNA↓RNA↓蛋白質的順序傳達下來，這個特徵又稱為「中心法則」。

但我們並不曉得，這個地球生命所具有的特徵，是僅限於地球生命才有的特殊特徵，還是宇宙中包括外星生命在內的所有生命（在某些理由下）的共通特徵。蛋白質與DNA是以碳原子為中心構成的分子，不過在這個廣大的宇宙內，說不定存在某些以矽元素[*1]作為生命重要分子之主成分的「矽生命」；或者，說不定存在不需要水，而是以液態甲烷與液態氨作為主成分的生命。

這麼一想，在這個廣大的宇宙中，說不定真的存在我們無法想像的各種生命。就像發現系外行星的時候一樣，「太陽系的常態，並非宇宙的常態」。然而人類的想像力有其限制，要找出「連想像都難以想像的事物」是一件相當困難的事。所以我們只能先試著回答「存在於地球的生命，也會存在於地球以外的天體嗎？」這個問題。

要是發現了外星生命，那毫無疑問的會是人類歷史上的最大發現。發現外星生命，就表示「我們在這個廣大的宇宙中並不孤獨」。想必在人類過去的歷史中，也不曾發生過如此改變人類宇宙觀、生命觀的事件吧。發生這種人類歷史大事件的幸運年代，就是我們這個時代也說不定。

***1** 在那麼多種分子中，之所以會拿矽元素作為例子，是因為週期表中的矽位於碳的下方，矽與碳的性質接近的關係。不過，當我們用性質與碳元素類似的矽元素作為例子時，或許也在不知不覺中受到地球生命特徵的影響。

什麼樣的行星才可能出現生命呢？

地球以外的天體要在什麼樣的條件下才能孕育出生命呢？事實上，直到現在，我們仍然不確定「地球上的生命是如何誕生的」，所以也沒辦法回答出這個問題的正確答案。

不過，一般認為，若要孕育出地球上的生命，「液態水」與「來自某處的熱源」應該是必要條件。

生命在誕生之前，必須先生成各種複雜的分子，故需要可以溶解這些物質的液態水，也就是海洋。再來，若想將各種「能作為原料的小分子」經化學反應合成為「能作為生命材料的複雜分子」，就需要熱或其他能量來源。因此，只有湊齊這兩個條件，才可能會成為誕生地球生命的舞台。

而「**海底熱泉**」就是一個同時擁有這兩個條件的場所（圖5-1）。海底熱泉是

圖5-1 熱水噴出孔

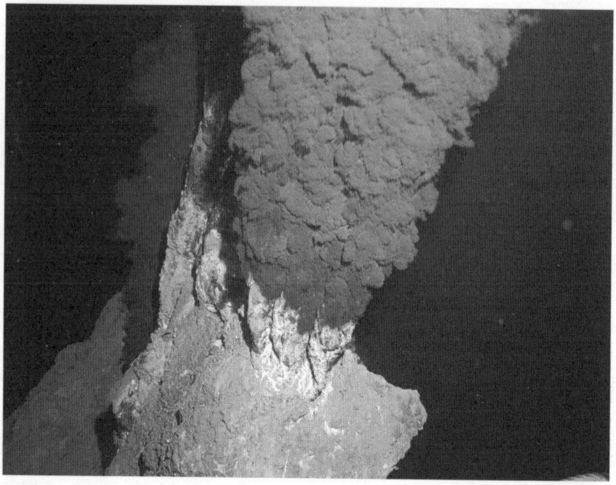

提供：JAMSTEC

位於地球海底的裂縫，這裡的水可藉由岩漿加熱成熱水後噴出，被認為是可能誕生地球生命的一大候選地點。

生命的誕生與進化首先需要有海洋。存在於這個宇宙的元素中，最多的是氫（H），第三多的是氧（O）[*2]，故由這兩種元素組合而成的水（H_2O）大量存在於宇宙中，生命利用這些物質誕生也是再自然不過的事。

而且水擁有「能溶解各式各樣的物質」的性質，故也是生命的誕生與進化過程中相當重要的物質。

那麼，海的存在需要什麼樣的條件呢？首先需要的是液態水（H_2O）。也就是說，水的溫度需要介於0度到100度之間[3]。

舉例來說，太陽系內不是只有地球，還有其他行星也繞著太陽公轉。但是水星與金星和太陽的距離比地球更近，其表面溫度超過100度，就算有水也會全部被蒸發。相反的，火星和太陽的距離比地球更遠，表面溫度比0度還低，水會全部被凍結。也就是說，如果希望行星上的水能以液態存在的話，行星就不能距離太陽太近，也不能太遠，要在剛剛好的範圍內才行。這種能讓水以液態存在的範圍，就叫做「**適居帶**」（圖5-2）。很幸運的，地球就剛好落在適居帶上，故地球上的水能以液態存在，形成覆蓋整個地球表面的海洋，使生命得以誕生、進化。

這裡我們談的是太陽系，不過這個概念也適用於環繞著太陽以外的恆星公轉的行星。恆星的表面溫度與恆星的質量有關。與太陽質量相仿的恆星，其表面溫度亦接近於太陽（約6000度），故這個恆星的適居帶，也分布在相當於地球在太陽系中的位置，也就是距離恆星1天文單位（1億5000萬km）附近。

***2** 第二多的元素是氦，但因為氦是惰性氣體，幾乎不會產生化學反應，故不會與其他元素形成分子。

***3** 水的融點（0度）與沸點（100度）會隨著壓力而改變，故如果是大氣比地球還要濃很多，或者比地球還要稀薄很多的行星，那麼液態水存在的溫度範圍就不會是0度到100度。

圖5-2 適居帶

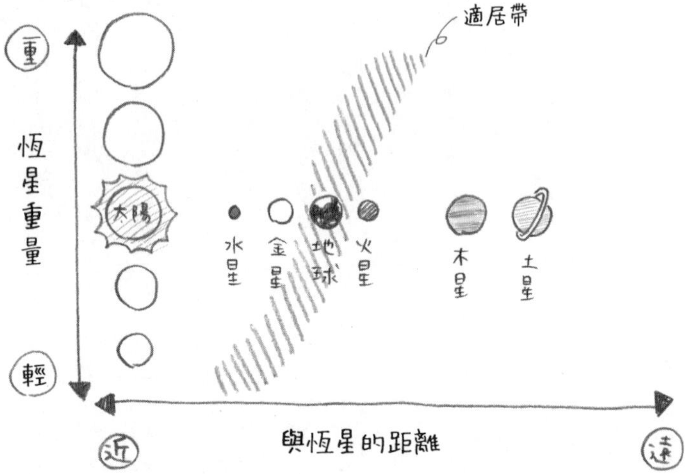

比太陽還重的恆星，表面溫度會比太陽還高，故適居帶會比1天文單位還要遠；反過來說，比太陽還輕的恆星，表面溫度會比太陽還低，故適居帶會比1天文單位還要近。

近年來發現了許多繞著太陽以外的恆星公轉的系外行星，包括了數顆位於適居帶內、環境可能類似地球的行星。其中最受矚目的天體，就是繞著TRAPPIST-1這顆恆星旋轉的各個行星。

TRAPPIST-1位於寶瓶座的方向，距離太陽系約40光年，是一顆大約只有木星般大小的小型恆星。

到二〇一八年為止，我們已經在TRAPPIST-1的周圍發現了共7顆行星繞著它旋轉，而且其中3顆行星位於適居帶，又是像地球一樣的岩石行星，故許多人認為這些行星上可能存在海洋。這些行星可以說是目前所發現的系外行星中，環境與地球最接近的系外行星。

像TRAPPIST-1的行星這種環境與地球相似，表面可能有海洋的系外行星，說不定便存在著生命。

太陽系內有其他生命嗎？

太陽系內，位於適居帶的行星僅有地球一個。雖說如此，但太陽系內存在生命的行星，會不會不只地球一個呢？事實上，除了地球之外，太陽系內確實有某些地方過去可能存在生命，或是現在可能也存在著生命。

首先一般會想到的地點是火星。NASA等研究機構將許多探測器、探測車發射到火星。這些探測器、探測車在觀測火星地形時，看到了多個彷彿大規模水流痕跡的地形，由此可推論出過去火星表面可能含有大量的水（圖5-3）。有人認為，太古火星可能曾有過以二氧化碳為主成分的厚實大氣層，並在溫室效應下，使水能以液體的形式存在於火星表面，甚至形成海洋。然而在太陽風的影響下，火星的大氣陸續被剝離[*4]，溫室效應愈來愈弱，便成了現在的寒冷火星。

現在的火星表面不存在大量的液態水，卻存在不少的冰。NASA的**火星探測器**

圖5-3 火星表面的流水痕跡

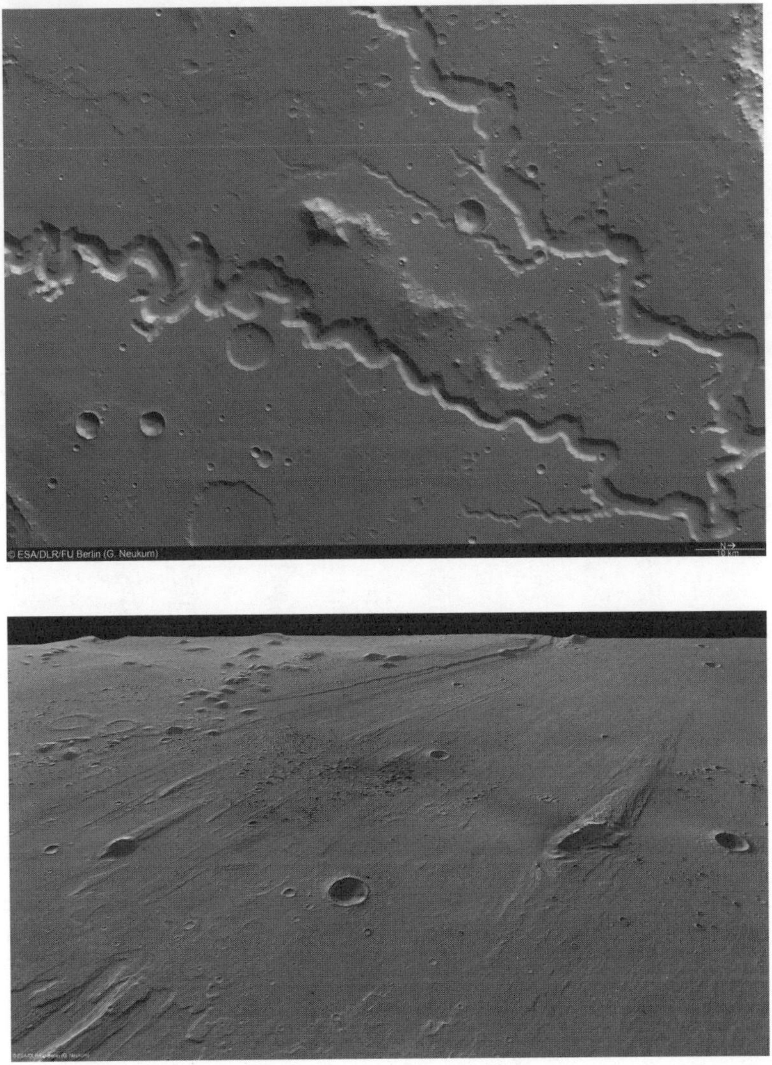

出處：ESA

鳳凰號在拍攝機械手臂挖掘地表的痕跡時，就有拍到冰的影像（圖5-4）。

如果過去火星曾經有水的話，生命就可能在火星誕生，說不定還一直延續到現在。但可惜的是，目前我們並沒有找到任何能證明火星存在生命的確切證據。

一九七五年NASA發射的**火星探測器海盜號**，曾經在火星表面進行尋找生命的實驗，卻沒有獲得生命存在的確實證據。另外，在地球南極發現的艾倫丘陵隕石84001是一顆從火星飛來的隕石，一九九六年時，研究人員指出在這個隕石上發現了疑似細菌化石的物體（圖5-5），但這仍無法作為火星存在生命的證據。

除了火星以外，太陽系內還有某些星體被認為現在可能還有生命存在。那就是繞著木星公轉的衛星——木衛二與木衛三，以及繞著土星公轉的衛星——土衛六與土衛二。特別是木衛二與土衛二，一般認為它們上面存在生命的可能性相當高。

＊4 地球的磁場保護著地球大氣免受太陽風的影響。地球的磁場來自地核的液態金屬運動。過去火星也有磁場可以保護火星的大氣，但因為火星比地球還要小，內部很快便冷卻凝固，所以使得火星磁場消失了。

圖5-4 火星探測器鳳凰號在火星表面發現的冰

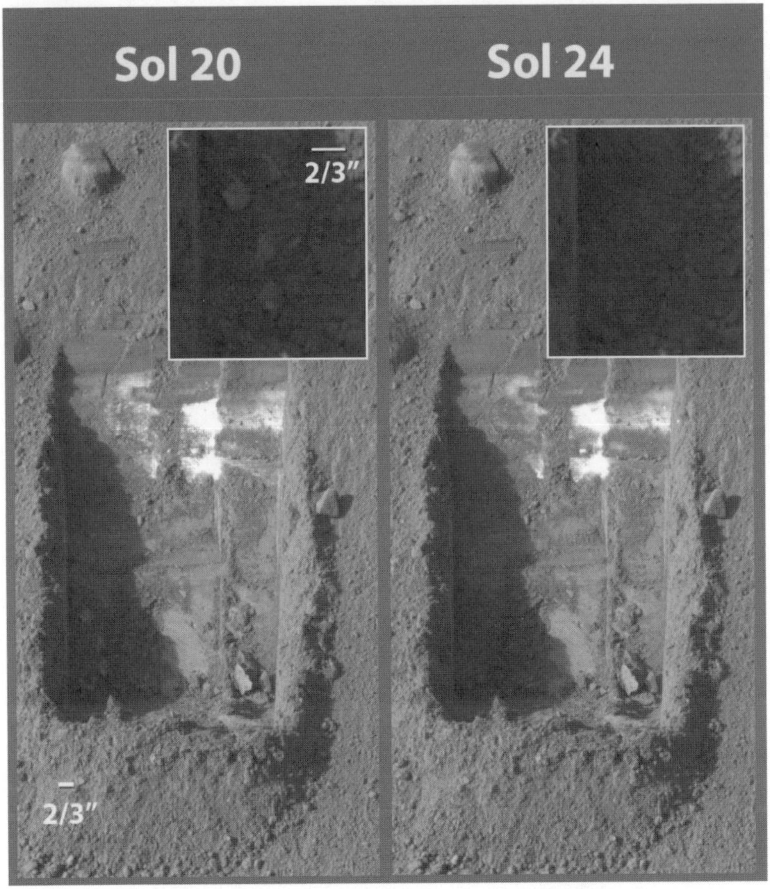

出處：NASA

**圖5-5 艾倫丘陵隕石84001，
以及在隕石內發現的疑似細菌化石**

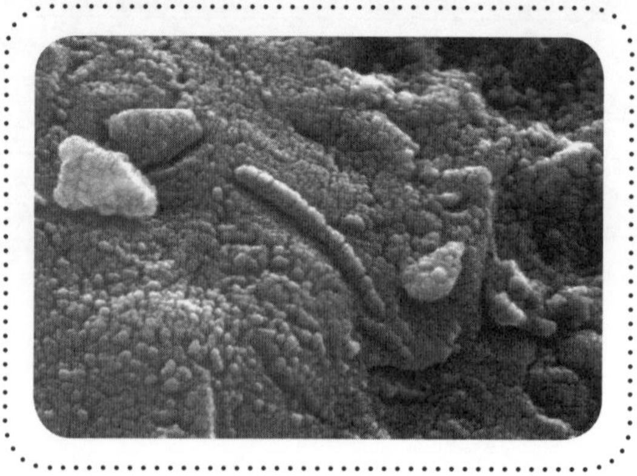

出處：NASA

NASA於一九九七年發射的**土星探測器卡西尼號**，於二〇〇四年時抵達土星，於二〇一七年時墜落土星銷毀。在這十三年間，我們藉由卡西尼號發現了許多土星與其衛星的資訊。其中最大的發現，就是土衛二的間歇泉（圖5-6）。繞著土星轉的土衛二表面溫度約為－200度，非常寒冷，但土衛二內部卻存在著某種熱源[*5]，一般認為這個熱源可能會使地底下的水能以液態存在，形成地底下的海洋。在土衛二發現的間歇泉，就是存在於土衛二內部的海洋噴出液體的樣子。

由此可知，土衛二同時具備了生命誕生與進化時不可或缺的「液態水」與「熱源」。而且，在實驗室模擬出土衛二的環境後，也發現地球上的某種古細菌可以在這樣的環境中增殖。同樣的，**哈伯太空望遠鏡**也捕捉到木星的衛星木衛二有噴水的現象。這些天體現在可能也存在著生命。

順帶一提，木星探測器伽利略號與土星探測器卡西尼號在完成了長久以來的使命之後，研究人員使它們分別墜落至木星與土星

***5** 這些熱能可能來自土星的潮汐力，或者是放射性物質衰變時產生的熱。

圖5-6 卡西尼號捕捉到土星衛星土衛二的間歇泉

出處：NASA

上。這是考慮到萬一木衛二或土衛二上有生命的話，人造探測器可能會對這些生命產生不良的影響，所以讓探測器墜落至木星與土星的最大原因。

木星與土星距離太陽很遠，太陽光的強度比地球上看到的太陽光還要弱很多，故伽利略號探測器與卡西尼號探測器不使用太陽能電池，而是使用含有鈽等元素的核電池作為動力來源。為了避免鈽等元素汙染木衛二與土衛二的環境，故科學家們在還能夠操控這些探測器時，讓它們確實墜落到木星與土星上銷毀。

因為木衛二上可能存在生命，故木衛二成了下一個備受矚目的探測目標。ESA預定於二〇二二年時發射**JUICE探測器**，用以探查木星的衛星木衛二及木衛三，日本也有參加這個計畫。另外，NASA也正在研發新的探測器，預計於二〇二五年時發射，用以執行木衛二飛越任務，並以木衛二為重點研究對象。

該如何尋找太陽系外的生命呢？

前面我們談的都是太陽系內是否可能存在生命。太陽系內有數個像木衛二或土衛二這樣的天體，這些天體上就算有生命存在也不奇怪。因為這些天體離地球「非常近」，所以可以將探測器送到它們旁邊，直接研究它們的狀況。

另一方面，我們在其他恆星的周圍也發現了許多系外行星。其中，有好幾個恆星像TRAPPIST-1一樣，適居帶上存在著岩石行星。這些行星上很可能擁有與地球類似的環境、擁有海洋，或許已經有生命誕生於那裡。

那麼，我們該用什麼樣的方式，來研究這些離我們那麼遠的系外行星上有沒有生命存在呢？離地球最近的恆星距離地球也有4光年以上，要將探測器送到那裡幾乎是不可能的任務[*6]，因此我們只能藉由天文觀測的方式來研究它們。

目前我們所知道的行星中，只有地球存在生命。故「在太空中看到的地球是什麼樣子呢？」這個問題的答案，可以成為尋找其他可能存在生命之行星時的線索。也就是說，我們要找的是從太空觀察地球時，只有在地球上可以看得到的特徵。

圖5-7是NASA的小行星探測器OSIRIS-REx從太空中觀測到的地球**光譜**。要說地球的光譜有什麼異於其他行星、只有地球具有的特徵的話，就是地球的光譜中可以看到被氧氣（O_2）與臭氧（O_3）吸收的部分。這代表地球的大氣中含有大量的氧氣與臭氧。

氧氣的反應活性相當高，自然界的氧氣會和許多物質產生反應。例如弄濕鐵之後放在空氣中會生鏽，這就是因為鐵（Fe）會氧化成紅鐵鏽（Fe_2O_3）。事實上，火星的大地之所以是紅色，就是因為地表含有大量的紅鐵鏽。

因此，地球大氣中之所以會一直保持著大量氧氣，很有可能是植物行光合作用之類的生命活動[*7]，持續供應氧氣至大氣中的

***6**　「突破攝星」計畫中，預計將超小型攝影機搭載在郵票大小的超小型太空船上，然後從地面以雷射照射這個太空船，使其加速到光速的20%，花上二十年的時間抵達離我們最近的恆星南門二。

***7**　要注意的是，氧氣也有可能在與生命活動無關的反應下生成。

圖5-7 NASA的小行星探測器OSIRIS-REx所拍到的地球光譜

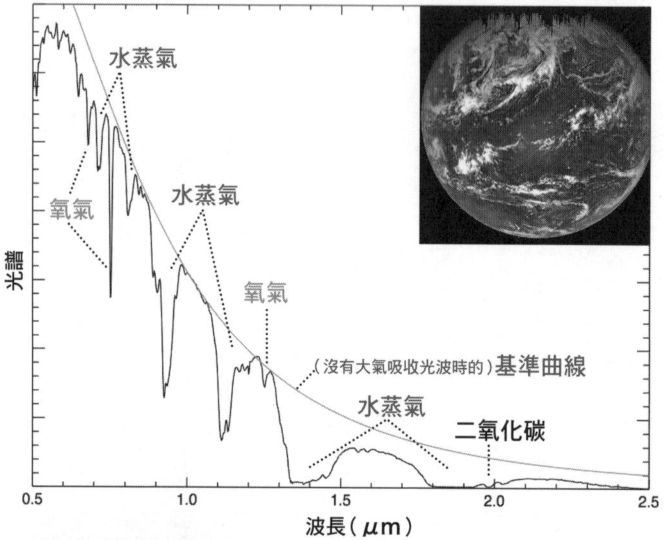

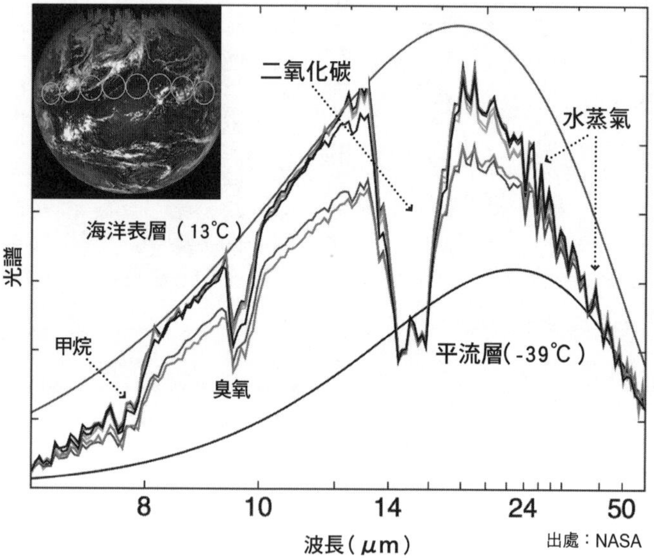

出處：NASA

關係。也就是說，如果我們可以在其他行星上確認到氧氣與臭氧的存在，就表示該行星上很有可能是藉由光合作用等生命活動，才能持續供應氧氣。這種可以作為有生命存在之證據的物質（氧氣或臭氧等）就稱為「**生物標記**」。

另外還有一種廣為人知的生物標記叫做「植物紅邊」，這是利用植物會反射紅外線的特徵所開發出來的工具。植物紅邊不僅能用來探測外星生命，也可以應用在我們的周遭，譬如藉由人造衛星觀測地球時，便可以利用探測植物紅邊的儀器，分析作物的生長狀況。

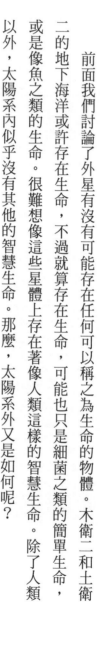

存在能和我們溝通的智慧生命嗎？

前面我們討論了外星有沒有可能存在任何可以稱之為生命的物體。木衛二和土衛二的地下海洋或許存在生命，不過就算存在生命，可能也只是細菌之類的簡單生命，或是像魚之類的生命。很難想像這些星體上存在著像人類這樣的智慧生命。除了人類以外，太陽系內似乎沒有其他的智慧生命。那麼，太陽系外又是如何呢？

諾貝爾物理學獎得主，物理學家恩里科・費米曾提出一個問題：「要是外星生命存在的話，為什麼至今仍沒有任何外星文明與我們地球接觸呢？」也就是所謂的**費米悖論**。

要是太空中普遍存在生命的話，那麼一顆比地球早數億年前就誕生生命的行星，應該會發展出比地球進步幾億年的文明才對。如果這樣的文明在宇宙間來來去去，那

德雷克公式

$$N = R \times fp \times ne \times fl \times fi \times fc \times L$$

N ……銀河系內，存在擁有文明的生命的星體個數

R ……一年內在銀河系內誕生（適合生命的生存與進化）的恆星數目

fp ……這顆恆星擁有行星的機率

ne ……這類恆星中，平均每顆恆星擁有多少顆適合生命生存的行星

fl ……這顆行星有生命存在的機率

fi ……這顆行星的生命會進化成智慧生命的機率

fc ……這個智慧生命能進步到產生文明的機率

L ……這個文明的壽命（年）

麼銀河系現在應該已經充滿了這顆行星的文明。這有點像是銀河系版的大航海時代。在地球上，英國與西班牙曾在過去的某段時間內支配了整個世界，同樣的，銀河系應該也會出現這種類似大航海時代的景況才對。就像哥倫布發現了美洲大陸一樣，雖然地球位處偏僻，但至今仍沒有任何外星文明抵達地球，這實在太奇怪了。

法蘭克・德雷克為了回答這個問題，寫出了上面這個等式，藉以推測銀河系內存在的文明數量。

這個等式現在又稱之為「**德雷克公式**」。德雷克最早在一九六〇年代就寫出了這條公式，當時科學家們還沒發現系外

行星，故對於公式中的各個參數幾乎沒有任何概念。相較之下，現代的我們已經有許多資訊可以推估這些參數的數值。以下就讓我們用目前所獲得的資訊，試著估計我們的銀河系內有多少個文明吧。

銀河系的中心附近恆星相當密集，常發生超新星爆炸等現象，故一般認為並不適合孕育生命誕生。距離銀河系中心約2萬到3萬光年的地方，則被認為是孕育生命誕生的最佳環境[*8]，太陽系就是位於這個區域。在這個區域內，估計平均每年約可生成0.4個適合用來孕育生命、和太陽一樣重或者比太陽輕一些的星體[*9]（R＝0.4）。

由近年來的系外行星觀測資料，可以知道許多恆星都擁有行星。故我們可以設恆星擁有行星的機率為fp＝0.5。

ne為該行星系統中，存在於適居帶的行星個數。在太陽系的例子中，只有地球在適居帶內。不過適居帶的範圍其實很小，地

***8** 這個區域又被稱為「星系的適居帶」。

***9** 比太陽重的恆星壽命較短，即使繞著該恆星公轉的行星好不容易孕育出了生命，在這種生命進化成智慧生命之前，恆星可能就會發生超新星爆炸。

球或許只是幸運地剛好落在適居帶內。考慮到這點，我們可以設ne＝0.5。

再來是行星上有生命誕生的機率，地球在海洋誕生之後，馬上（數億年內）就有生命誕生。這麼看來，我們可以樂觀地認為只要環境條件具備，就會有生命誕生。因此設fl＝1。

剩下的參數就很難估計了，我們只能憑「直覺」來估計這些參數。這裡就讓我們大膽地假設誕生的生命可以進化到產生文明的機率fi×fc＝0.1。

綜上所述，銀河系內存在文明的數量約為N＝0.01L。此時最重要的數字則是文明的壽命L。難得有一個行星誕生了文明，要是這個文明馬上就毀滅的話就沒有意義了。回顧我們的地球文明，雖然我們的文明相當發達，但因為核子戰爭而在瞬間毀滅的風險也相當高。

假設這個銀河系內有高度文明的生命只有我們，即N＝1的話，就會變成L＝100年。要定義地球的歷史是從什麼時候開始算有文明並不是件容易的事，但假設我們將進入太空當作「宇宙文明」的起點，而加加林進行了人類史上首次的太空飛行是一九六一年，這表示可能再過不久，地球文明就會滅亡。這實在是個令人難以接受的結論，但是從目前的世界情勢看來，這種事似乎也並非不可能發生，實在讓人悲傷。

相反的，如果銀河系內有高度文明的行星系有１００個左右的話（N＝100），這些文明的壽命（包括地球在內）就約有一萬年左右，這個數字可以讓我們比較安心一些。

換句話說，尋找外星文明這件事，或許也可以說是在試著尋找「像我們這種擁有高度科技的文明，能不能在不因為高度文明而自我毀滅的情況下，持續存在於這個宇宙中？」這個問題的答案。

老師的
提問

如何尋找地球以外的文明呢？

思考尋找外星文明的方法時必須先知道一個重點，那就是地球在文明誕生後，隨著無線通訊、收音機、電視等等的發展，我們一直在朝著太空發射電磁波。因此，在我們尋找外星文明時，只要試著搜尋由這些文明所釋放出來的電磁波即可。這種搜尋外星文明電磁波的行為，稱為**SETI**（Search for Extraterrestrial Intelligence）[*10]。

最初嘗試搜尋外星文明電磁波的計畫，是由提出德雷克公式的法蘭克・德雷克所發起的奧茲瑪計畫。在那之後，人類也嘗試了各式各樣的SETI，但可惜的是，至今我們仍沒有收到來自外星文明的電磁波。

其中，國際合作共同進行建設中的電波干涉儀SKA若是完工以後，便可以偵測到距離地球100光年遠，強度與地球目前所發射之電磁波相仿的無方向性電磁波；如果是通訊用電磁波、雷達等方向性高的電磁波，偵測範圍還可以達到1000光年的距離。

現在估計到二〇三〇年以後，ＳＫＡ才會開始全力運轉，到了那個時候，我們應該就可以知道我們「附近」有沒有相當於地球程度的文明。

另外除了接收電磁波之外，科學家們也嘗試主動發送電波至宇宙。就像是將信紙裝入瓶中投入海裡，祈禱能被某個人收到一樣。這種行動稱為ＭＥＴＩ（Message to Extraterrestrial Intelligence）[*11]。

ＭＥＴＩ的第一個例子是一九七四年時由阿雷西博天文台發送的「**阿雷西博訊息**」，製作這個訊息的人也是德雷克。這是由１６７９個脈衝訊號所組成的訊息。１６７９是23與73兩個質數的乘積，當智慧生命捕捉到這段訊息之後，應該會將它排列成23×73的長方形吧。這麼做之後，就可以得到一張描繪著人類ＤＮＡ與太陽系樣貌的圖樣（圖5-8左）。阿雷西博訊息是朝

***10** 原本稱為CETI（Communication with Extraterrestrial Intelligence）。但因為這只能單方面接收訊息，無法進行對話（communication），故將其換成了搜尋（search）這個字，改成SETI。

***11** 也常稱為「Active SETI」。

著球狀星團M13的方向發射，M13距離我們2萬5000光年，所以訊息需要經過兩萬五千年，才能抵達M13。除此之外，JAXA亦曾利用位於臼田宇宙空間觀測所的拋物面天線進行METI，這個天線口徑達64m，是日本口徑最大的天線。

除了發射電磁波之外，將某些實際物體直接送至太空也是一種METI。一九七二、一九七三年時送上太空的**先鋒10號、11號**，就各攜帶著一塊刻有人類樣貌與太陽系位置的金屬板（圖5-8右上）。設計這個金屬板的人是卡爾・薩根以及前面提過的德雷克。

另外，一九七七年發射的**航海家1號、2號**則攜帶著一張「金唱片」（圖5-8右下），唱片內存有115張圖像、地球上的自然聲音（風聲、雷聲、動物鳴叫聲等）、55種語言的問候、90分鐘各國及各領域的音樂。唱片內容是由薩根選出來的。其中包含了日語的問候「こんにちは、お元気ですか」，以及由日本國寶尺八演奏家山口五郎所演奏的琴古流本曲「巣鶴鈴慕」。而且，這個唱片的封套上有一塊由半衰期為45・1億年的高純度鈾238製成的金屬板，當外星文明發現這個唱片時，便可藉此推論出這個唱片的製作年代。

圖5-8 從地球送向太空的訊息

阿雷西博訊息

實際送上太空的
電磁波並沒有顏色

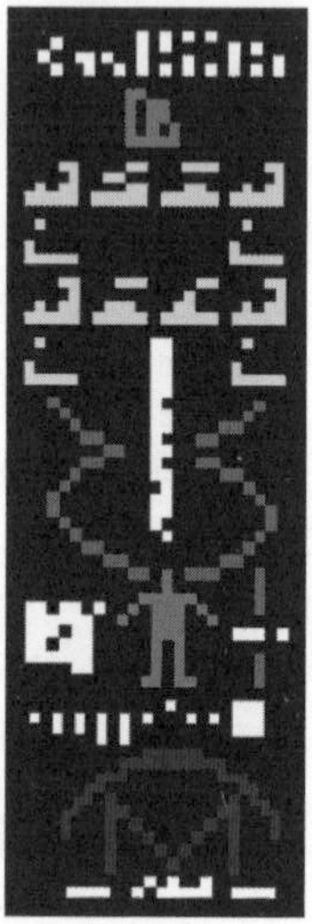

先鋒號的金屬板

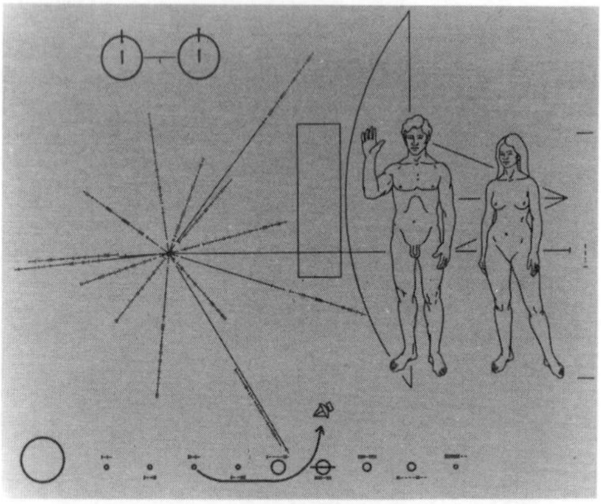

航海家號的金唱片

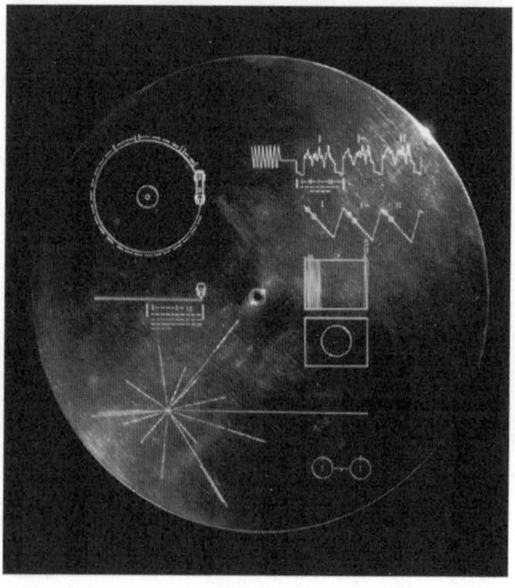

出處：NASA

這四個探測器中，目前離太陽最遠的是航海家1號。二〇一八年時，它與太陽的距離約為１４０天文單位（約２１０億km），以每秒約17km的速度遠離我們。乍看之下，它似乎是在很遠的地方以很快的速度遠離我們，但即使是這個速度，也需要花上約八萬年才能抵達我們的近鄰，距離我們４・２光年的恆星南門二[*12]。

***12** 不過，航海家1號並不是朝著南門二的方向前進。

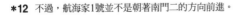

宇宙人存在嗎？

宇宙人當然存在，因為地球人也是宇宙人之一。不過我們至今仍未發現外星生命。因為我們了解的生命系統就只有地球上的生命這一種，故我們首先要做的是「在宇宙中尋找類似地球生命的生命」。

什麼樣的行星才可能出現生命呢？

生命需要「液態水」。如果行星過於靠近主星的話，水會被蒸發；如果行星過於遠離主星的話，水會結凍。故只有位於「適居帶」使蘊含的水呈液態的行星，才有可能存在生命。地球就位於太陽系的適居帶，因此能夠出現生命。

太陽系內有其他生命嗎？

火星過去曾存在過海與河川，一般認為現今的火星地底仍含有大量的水，過去可能有生命誕生於這些水中。其他包括木星的衛星木衛二、土星的衛星土衛二等，皆具備生命誕生的條件。

該如何尋找太陽系外的生命呢？

地球上的氧氣是由植物經光合作用合成出來的。因此氧氣就是行星上存在能行光合作用之生命的證據（生物標記）。對系外行星的大氣進行分光觀測，尋找生物標記，或許就能找出存在生命的行星。

存在能和我們溝通的智慧生命嗎？

我們可藉由德雷克公式，估計出銀河系內的文明數量。如果高等文明很短命的話，存在外星文明的可能性就相當小。因此，探索外星文明，或許可以回答我們地球文明的存續問題。

老師的提問

如何尋找地球以外的文明呢？

我們可以透過尋找來自外星文明的訊息，或者主動發射訊息至地球以外的天體等方式，尋找地球以外的文明。到二〇三〇年時，我們便有辦法網羅到數百光年的範圍內，是否存在水準達地球程度的文明。

第6章

我們做得出時光機嗎？

為什麼沒辦法回到過去呢？

現代社會中有著多采多姿的便利工具。這些便利的工具中，有不少工具在不久之前還只是「夢幻般的機器」。譬如《哆啦A夢》中曾出現過「無線傳聲筒[*1]」這個道具，它的功能就相當於現代的手機。也就是說，現代的我們習以為常的手機，在三十年前都還是夢幻道具。

再舉個例子，現代人或許很難想像沒有電力的生活，不過，約瑟夫・斯萬在一八七八年時才獲得白熾熱燈的相關專利[*2]；海因里希・赫茲在一八八八年時才從實驗中確認到電磁波的存在。

也就是說，一直到一百五十年前，人類都過著沒有電力的生活。這麼一想，現代人認為的「夢幻機器」，很可能在不久之後的未來就會實用化。其中，對於現代人來說，「**時光機**」毫無疑問的是代表性的「夢幻機器」。這裡就讓我們想想看時光機的可能性。

時光機是時空旅行（time travel）所使用的機器，所以先讓我們想想看「時空旅行在理論上可行嗎？」這個問題。這個問題的答案100%是「YES」，因為我們一直在進行著時空旅行。沒錯，我們活著的時候，時間一直在流動。也可以說，我們「一直以一定的速度朝著未來進行時空旅行」。不過，這裡說的時空旅行，永遠是朝著未來的單行道。

為什麼時間的流動是單行道呢？人類至今尚未找到這個問題的答案。

舉例來說，我們周圍的現象都可以用物理定律來描述，物理定律擁有時間反演對稱性，也就是說，即使將時間倒過來流動，從未來流向過去，同樣的定律也會成立。用個簡單的例子來比喻，就是「將錄下來的影像倒轉播放，也不會產生異樣感」的意思。

譬如圖6-1的上半部，讓我們思考兩顆球撞擊時的樣子。就算將時間反過來流動，這個運動仍符合物理學定律。另一方面，讓我

*1 刊載於《小學一年生1985年12月號》。
*2 一般認知中，電燈泡的發明人是湯瑪斯・愛迪生，但實際上發明了白熾熱燈的人是約瑟夫・斯萬。

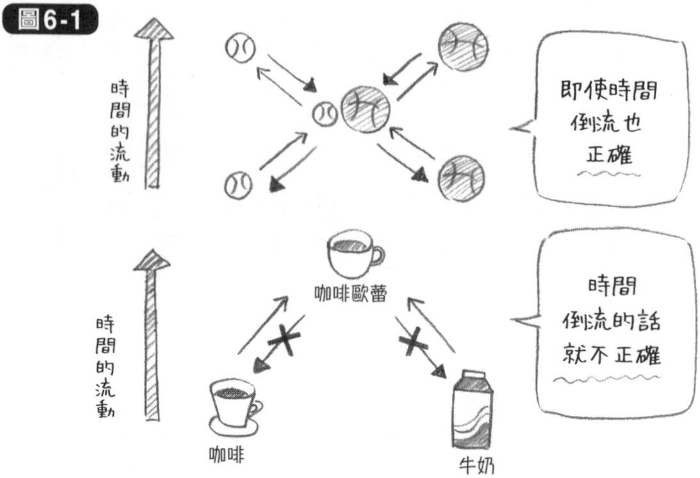

將兩顆球相撞的樣子倒轉播放，仍會符合物理學定律。
但若是將咖啡與牛奶混合的樣子倒轉播放，卻不會符合物理學定律。

們思考看看咖啡與牛奶混合時的樣子。若從分子層次的角度去看這個現象，可以將其視為白色牛奶的粒子與黑色咖啡的粒子互相撞擊，與圖6-1的上半部類似，每個粒子間的撞擊在倒轉後也是正確的物理運動。然而，若我們從巨觀層次去看咖啡與牛奶混合時的樣子，會得到「咖啡與牛奶混合成咖啡歐蕾」是正常現象，但時間倒流的「咖啡歐蕾分成咖啡與牛奶」卻是不可能在現實中發生的現象。

也就是說，一個個小小的運動皆擁有時間反演對稱性（倒轉播放時仍符合物理定律）；但把關注的範圍擴大時，時間反演對稱性卻會消失（倒轉播放時不符合物理定律）。

為什麼會這樣呢？這是個很困難的問題。物理學的世界中，會用「亂度」的指標——**熵**的概念來思考這個問題。我們知道，隨著時間的經過，熵必定會逐漸增加（變得更亂）。以混合咖啡與牛奶為例，兩者分開來放時處於「整理好」的狀態，而兩者混在一起變成咖啡歐蕾時，會比「整理好」的咖啡與牛奶還亂。也就是說，咖啡歐蕾的熵比較大。

由於熵必定會隨著時間的經過而上升（愈來愈亂），所以雖然咖啡與牛奶可以混合成咖啡歐蕾，咖啡歐蕾卻不可能分離成咖啡與牛奶。這有點像是把房間放著不管的話，房間就會愈來愈亂，卻不可能自動整理整齊。由這個現象，我們可以將熵（亂度）增加的方向視為時間的流動方向，但細節仍有許多未解決的部分，這可以說是現階段的重要研究課題。

有沒有方法可以知道過去發生的事呢？

時間的流動是單行道，故我們沒辦法回到過去。舉例來說，如果我們看得到凶殺案的犯案瞬間，就能輕易指認出誰是犯人。但如果犯案時沒有目擊證人或監視器拍到的話，就只能從犯案後所留下的各種物證推測出誰是犯人。這就是案件搜查與法院審判的難度很高的原因。

如果把這個想法的規模放大一些，就是歷史學與考古學的領域了。歷史學家與考古學家會從殘存到現代的極少量資訊，推論過去的世界究竟長什麼樣子，推論過去曾經發生過什麼樣的事件。像是邪馬台國到底位於何處？為什麼恐龍會滅絕？等問題。要是我們能看到過去，親眼見證歷史事件發生的瞬間，想必會是件很棒的事吧。

其中，確實有一門學問是「直接實際看著過去發生的事，研究歷史」，那就是天文學。天文學可以用「天文觀測」這個時光機，直接觀測、研究過去宇宙的樣子。那麼，「天文觀測是時光機」又是什麼意思呢？讓我們先試著回答這個問題吧。關鍵在於「光速有限」這件事上。

我們常常聽到光速可以「在1秒內繞地球7圈半」之類的說法。光速為「每秒30萬km」，雖然快得不可思議，但仍是有限的速度而非無限快。因此，光從一個地方抵達另一個地方仍需要花時間。

舉例來說，太陽與地球間的距離為1億5000萬km，故從太陽表面發射的光抵達地球需耗時約8分鐘。也就是說，我們看到的太陽是8分鐘前的太陽。換言之，當我們看向愈遠的宇宙時，看到的是愈久以前的宇宙。故我們可以利用這個性質，「實際觀察」過去的宇宙長什麼樣子並進行研究。

而我們愈看愈遠，所能看到最遠的宇宙空間，也就是「宇宙的盡頭」，就代表著過去最古老的宇宙，也就是「宇宙的開始」。圖6-2就是實際觀測到的「宇宙的盡頭＝宇宙的開始」的樣子。這又稱為「**宇宙微波背景輻射**（CMB）」，是大爆炸中誕生的宇宙過了三十八萬年後的樣子[*3]。宇宙的年齡為一百三十八億年，故三十八萬年的宇宙，就相當於壽命為一百年的人類在出生一天後的樣子，可以說是嬰兒時期的宇宙。

圖6-2 **普朗克衛星所拍下的宇宙微波背景輻射。可以說是宇宙剛誕生的樣子**

出處：ESA

所以，我們可以像這樣藉由天文觀測，「實際」觀察、研究過去的宇宙是長什麼樣子，又是如何演變成現在的樣子。這就是為什麼我們說「天文觀測是時光機」的原因，也可以說是天文學的一大特徵。

不過這裡要注意的是，雖然我們看得到遙遠的宇宙，卻沒辦法看到我們自己的過去。

舉例來說，假設我們想知道關原合戰（一六〇〇年）到底發生了什麼事，而去看400光年遠的宇宙，那裡當然也看不到地球，必須得到距離地球400光年外的地方觀察地球才行。

勾陳一（北極星）就是一顆距離地球

400光年遠的恆星，要是可以從那裡用超高性能的望遠鏡觀察到地球的樣子，或許就可以看到關原合戰的樣子了。但是，即使我們想拜託勾陳一的外星人「請幫我們錄下關原合戰的樣子」，這個訊息也得經過四百年後才能抵達勾陳一，故除非勾陳一的外星人剛好有留下紀錄，不然我們仍無法看到自己過去的樣子。

***3** 若想知道宇宙微波背景輻射（CMB）為什麼是宇宙誕生後不久的樣子，我們又可以從這些觀測結果中知道什麼的話，可以參考其他書籍的介紹。譬如西蒙・辛格的《Big Bang》等。

該如何前往未來呢？

我們可以透過天文觀測，看到「遠方的宇宙過去的樣子」，但可惜的是，我們看不到自己過去的樣子，也沒辦法回到過去。但依照目前的物理學知識，「前往未來」的時空旅行卻是有可能實現的。

如同我們前面說的，我們在現在的這個瞬間，就正進行著時空旅行，一路朝著未來前進。此時，A所體驗到的時間與B所體驗到的時間，真的是相同的時間嗎？換個方式來說，如果A的時間過了一年，對B而言時間卻過了三年，那麼A就可以與「兩年後未來的B」相遇了。

乍看之下有些離奇，但現實中確實有可能發生這種事。最初闡述這點的人，就是那位阿爾伯特・愛因斯坦。

過去人們認為時間的流動永遠保持一定，但現實並非如此。愛因斯坦的相對論指出，在不同條件下，時間的流動也會不一樣。相對論的出發點為「**光速不變原理**」，也就是「對於靜止的人和運動中的人來說，光速都一樣是秒速30萬km」。乍聽之下似乎有些不可思議。

舉例來說，新幹線的時速為300km，如果有人坐在一輛時速60km、方向與新幹線相同的汽車內，那麼對於這個人來說，新幹線的速度看起來應該會是時速240km才對。然而當我們測量光速時，卻不會得到類似的結果。也就是說，如果我們坐在一台秒速20萬km、方向與光相同的太空船內，並計算光的速度的話，感覺光速應該會變成秒速10km才對，但實際測到的光速仍然是秒速30萬km。

為什麼會發生這種事呢？因為當太空船以秒速20萬km前進時，長度會縮小，時間會變慢。

速度可由「長度÷時間」計算出來，我們一般認為「長度」與「時間」不會隨著物體的動靜而發生變化，但現實並非如此，不會變化的其實是「光速」，而變化的其實是「長度」與「時間」。聽起來實在讓人難以置信，但現實中我們已經用實驗的方式證實了這點。

實際舉例說明的話應該會比較好懂，以下就讓我們用一個例子說明長度與時間如何產生變化吧。不過，只有速度接近光速的物體在移動時，才會發生這樣的現象，故人類無法感覺到時間的延遲。因此，以下就以速度接近光速的基本粒子為例，介紹這個概念（圖6-3）。

緲子是一種與電子類似的基本粒子。來自宇宙的宇宙射線撞擊到位於高空10㎞附近的高層大氣分子時，便會產生緲子。緲子的壽命約為50萬分之1秒左右，經過這麼短的時間後就會轉變成其他粒子。在這麼短的壽命中，就算以光速前進，也只能飛行約600m左右，這可能會讓人認為「在高空中產生的緲子無法抵達地表」。但實際上緲子卻能抵達地表。為什麼呢？這是因為緲子能以接近光速的速度前進，使時間延遲，延長了它的壽命。

舉例來說，以光速99・9%的速度前進的緲子，其時間的流動會比靜止的人還要慢22倍[*4]。也就是說，緲子的50萬分之1秒，相當於靜止的我們的50萬分之22秒。在這段期間內，緲子可以飛行約13㎞，抵達地表。

那麼站在緲子的角度看時又是如何呢？在我們看來，緲子是以光速99・9%的速度飛向地表，而從緲子的角度看來，則是地表以光速99・9%的速度接近。因此，對於緲子來說，從高空到地表的「距離（長度）」會縮小至22分之1，使緲子能

圖6-3 在高空中生成的緲子抵達地表的示意圖

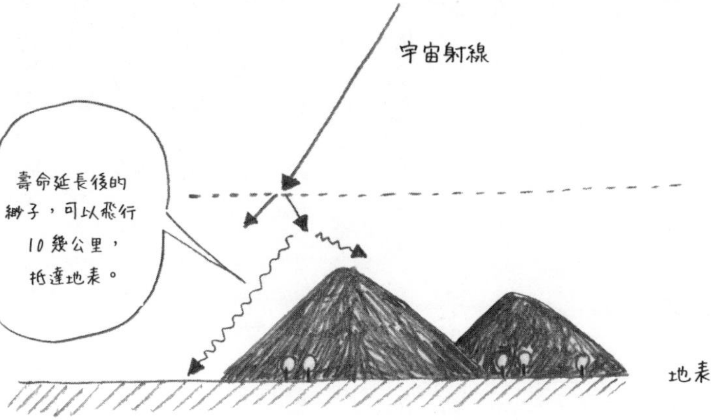
宇宙射線
壽命延長後的緲子，可以飛行10幾公里，抵達地表。
地表

	地表上的觀察者	站在緲子的角度
①	緲子以光速99.9%的速度前進。	地表以光速99.9%的速度靠近。
②	對於以99.9%光速前進的緲子來說，時間會過得比地表觀察者慢22倍。故緲子可前進的距離為秒速30萬km × 22/50萬秒 = 13km（比產生緲子的上空10km還要長）	地表以光速99.9%的速度靠近，故與地表的距離會縮短至1/22。10km × 1/22 = 455m（緲子在壽命時間內可飛行600m，比這個數字大）
③	故可抵達地表。	

在其壽命的50萬分之1秒時間內抵達地面。

「在地表上看的人，和緲子所感覺到的時間流逝與長度並不相同」雖然這點實在讓人難以相信，但這就是相對論的有趣之處，而且科學家們也透過了各式各樣的實驗確認了這是正確的理論。

利用這種現象，我們便有可能達成前往未來的時空旅行。為了方便說明，先假設有桃太郎與金太郎兩個人物吧。桃太郎與金太郎生活在很久很久以前，一個離我們很遠的星系內。宇宙曆二〇〇〇年時，桃太郎與金太郎皆為二十歲。桃太郎搭上了一台能以接近光速的速度前進的太空船，開始了他的太空旅行，金太郎則目送他而去，並一直在行星上等待桃太郎的歸來。

到了宇宙曆二〇三〇年，金太郎五十歲時，桃太郎乘坐的太空船終於歸來。然而，從太空船走下來的桃太郎，卻還只是一個二十五歲的青年。

如果能以接近光速的速度前進的太空船能夠研發成功的話，這就會是一個現實中可能實現的情節。就和我們前面提到緲子的例子

＊4　這個數字是由 $1/\sqrt{1-(0.999)^2}=22.4$ 計算出來的。這又稱為「勞侖茲因子」。

一樣，桃太郎以接近光速的速度移動，所以時間會流逝得比較慢。如果在地面上的金太郎用望遠鏡觀察以接近光速的速度移動的桃太郎，會發現桃太郎的動作、太空船內的時鐘、各種機械的動作等，看起來都像慢動作播放的影片一樣。這是因為，當物體以接近光速的速度移動時，時間會變慢（拉長）。所以，留在行星上的金太郎感覺過了三十年，但是進行太空旅行的桃太郎卻只過了五年。從桃太郎的角度來看，他結束了五年的太空旅行，回到了原來的行星。桃太郎回到行星上時，太空船內的時鐘顯示的也是二〇〇五年，然而行星上卻已經到了二十五年之後的未來，來到宇宙曆二〇三〇年。

像這樣以接近光速的速度前進，使時間延遲，便能夠進行一段前往未來的時空旅行。在浦島太郎的故事中，浦島太郎從龍宮城回來後，發現時代早已更迭，自己來到了未來的家鄉。故這個現象在日本又被稱為**浦島效應**。

這裡介紹的是以接近光速的速度前進時所產生的時間延遲，事實上還有另一種方式也會造成時間延遲，那就是受到很強的重力吸引的時候。譬如說，當一個人靠近黑洞這種有強大重力的天體時，他的時間流動速度就會比遠離黑洞的人還要慢。因此，就算沒有用接近光速的速度飛行，只要接近黑洞再回到原處，也會產生浦島效應。此時，如果我們從遠方觀察靠近黑洞的太空船，也會發現太空船內的時間走得比較緩慢。

以上提到的情況考慮的都是「以接近光速的速度前進」、「前往黑洞附近等擁有強大重力的環境」這種極端的狀況。這是因為，若要產生人類能感覺到的時間延遲，就得在那麼極端的條件下才看得出時間流動的差異。不過在我們的日常生活中，也會發生我們感覺不出來的時間延遲。例如飛機駕駛員每天都以高速在移動，所以他們的時間會比一直待在地上的我們還要慢一些些[*5]。其他像是如果待在高度為634m的東京晴空塔頂，因為這裡的重力比地面的重力還要弱，所以時間流逝的速度會比地面快一些些。雖然產生的差異非常非常小，但目前高精度的原子鐘已經可以測量出其中的差異。

再來就用一個例子，說明這極微小的差異會對現實中的我們產生什麼樣的影響吧。那就是**GPS**（Global Positioning System）。GPS的機制簡單來說，就是多個擁有正確時鐘的GPS衛星，會向地面上的接收者發送訊號，透過在地面上接收訊號，就能知道接收

＊5　以時速1000㎞的速度飛行1000小時，時間會延遲約100萬分之1秒。

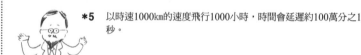

者的正確位置。此時因為GPS衛星會以非常快的速度繞著地球轉，所以時間的流逝會比地面還要慢一些些；另一方面，因為GPS衛星位於重力比較弱的高空，所以時間的流逝又會比地面還要快一些些。這兩個效果會使GPS的時間產生誤差，需要修正。要是將時間誤差放著不管，一天以後，GPS求得的位置就會與實際的位置相差11km。

「時間延遲」這種令人難以置信的效果，現在卻被應用於汽車導航系統等會用到GPS的常見裝置上，是不是覺得很不可思議呢？就算不知道相對論，人們也可以想到GPS的原理，但這種GPS卻會產生原因不明的誤差。或許，我們該感謝愛因斯坦在GPS被發明出來以前就提出了相對論呢。

真的沒辦法回到過去嗎？

我們從平常就一直在進行「前往未來的時空旅行」，所以前往未來的時空旅行一點都不難，是一件理所當然的事。不過神奇的地方在於，根據相對論，「你」和「我」的時間流動速度可能會有所不同。

只要利用這個原理，我們就可以早一步抵達未來，就像前面提到的例子一樣，金太郎花了三十年所抵達的未來，桃太郎只花了五年就抵達了。這也是緲子在現實中會發生的現象。要再次提醒大家注意的是，這裡提到的時空旅行，都是只能前往未來的時空旅行。

那麼，回到過去的時空旅行有辦法實現嗎？我們還不曉得這個問題的答案。

回到過去的時空旅行會產生幾個很大的問題。其中最著名的就是「**弒親悖論**（祖父悖論）」。簡單來說，就是「假設回到過去的時空旅行可行，那麼當『我』回到過去殺害自己的雙親時，『我』就會因為雙親被殺而無法誕生。這會使歷史上產生矛盾」。

法國小說家赫內・巴赫札維勒在一九四三年時出版的科幻小說《Le Voyageur Imprudent（不小心的旅行者）》中，首次提出了這個悖論。這個世界不可能會產生這樣的矛盾，因為會產生這樣的矛盾，所以回到過去的時空旅行不可能發生。坐在輪椅上的天才物理學家**史蒂芬・霍金**將其命名為「**時序保護猜想**」，並視為回到過去之時空旅行不可能發生的一個證據。

霍金是認為回到過去的時空旅行不可能發生的代表性人物之一。他想藉由一個實驗，說明回到過去的時空旅行不可能實現。假設從遙遠未來回到過去的時空旅行可以實現的話，一定會有未來人因為各種理由，譬如為了研究歷史、為了時空旅行、為了改變未來等等，想辦法回到過去。

但是在我們人類所知的歷史中，並沒有任何未來人到訪的痕跡。於是霍金就做了一個實驗，設法「找出」生活在現代的未來人。如果我們可以回到過去的話，一定會想和織田信長、卑彌呼等過去的名人見面對吧。霍金可以說是一位和牛頓、愛因斯坦等人並列的歷史名人。所以霍金認為，未來人一定也會想和身為名人的自己見面才對，於是舉辦了一場「時空旅行者的招待派對」。

然而，這個派對的舉行地點與舉行時間，卻是在派對結束之後才公布。也就是說，如果不是時空旅行者，就不可能參加這個派對。想當然耳（？），派對現場一個賓客都沒有。

要是這本書的讀者中有誰是未來人的話，請你一定要回到二〇〇九年六月二十八日，前往劍橋大學參加派對看看，這樣說不定就能與這個時代已經無緣得見的霍金博士見面。

另一方面，也有人反對霍金的想法，認為回到過去的時空旅行或許可以實現。先不論霍金的「時空旅行者的招待派對」是否有足夠的說服力證明「回到過去的時空旅行不可能發生」，對於主張回到過去的時空旅行可以實現的人來說，「弒親悖論」是一個不得不解決的問題。目前已有人提出了數種解決方案。

第一個方案稱為「**諾維科夫的自洽性原則**」。簡單來說，就是「歷史是一個既定產物，即使我們能夠藉由時空旅行回到過去，也無法改變歷史」。舉例來說，考慮前面提到的「弒親悖論」的狀況，假設有一個殺手藉由時空旅行回到過去，並殺了自己的雙親。但結果要不就是認為已經殺死了的雙親其實還活著，要不就是殺錯人，或者是殺了父親，但母親卻已經懷上了自己……在各種理由下，這個殺手最後還是會被生下來，使歷史不會出現矛盾。然而，這個原則的成立也隱含著「人類沒有自由意志」。因為，「這個殺手為了殺害雙親而回到過去」的歷史事實，同樣在這個殺手出生前就已經決定了。所以這個殺手做出的「為了殺害雙親而回到過去」的行動，或者說得更廣泛一點，這世界上所有人的所有行動，都不是由這個人的自由意志驅使，而是歷史中的既定事件。

另一個解決方案則是「**多世界詮釋**」。這是「歷史（世界線）會持續分裂」的想法。以「弒親悖論」為例進行說明，殺手回到過去殺害自己的雙親時，原本的世界會分裂成「殺手出生，且這個殺手回到過去殺害自己的雙親」的世界，以及「殺手不會出生」的世界，擁有兩個不同歷史的世界會同時存在。

我念小學的時候，爆紅的作品《七龍珠》內曾出現過時光機，該作品就是採用了多世界詮釋。在原本的歷史中，主角孫悟空因心臟病而死亡，世界被後來登場的人造人肆虐。於是最後的戰士特南克斯搭乘時光機回到過去，將心臟病的藥物給了悟空，悟空得救以後，與其他人一起擊敗人造人，保護世界免受人造人的破壞。然而，特南克斯原本所在的世界並沒有改變。也就是說，作品中，分成了「悟空死後，被人造人肆虐的世界」與「悟空活著，阻止人造人肆虐的世界」兩個不同歷史的世界，且兩者同時存在。一般來說，同時存在多個歷史的概念不大容易想像，但因為《七龍珠》這個世界知名的作品採用了這個世界觀，所以對於看過七龍珠的人們來說，或許早已熟悉了這個概念。

老師的提問

該如何製作時光機呢？

以上我們說明了迴避「弒親悖論」的可能性，或許我們還是能製造出回到過去的時光機。不過，要是不曉得最重要的時空旅行方法，以上的討論都沒有意義。所以最後，就讓我們來介紹或許能製造出時光機的方法吧。

以下要介紹的方法，是二〇一七年時，因檢測出重力波而獲得諾貝爾物理學獎的**基普・索恩**在一九八八年時於《Physical Review Letters》這個著名物理學期刊上發表的方法[*6]。

如果你想進一步了解這個方法的詳細內容，索恩在自己寫的大眾書籍《黑洞與時間彎曲：愛因斯坦的幽靈》中有詳細地進行解

*6 Morris, Thorne, and Yurtsever (1988) Phys. Rev. Lett. 61, 1446

說。雖然這是一本很厚重的書，但對此有興趣的讀者請一定要挑戰看看[*7]。

先前說明浦島效應時，以桃太郎與金太郎舉例說明，這裡就再用他們當例子吧。

在前面的例子中，我們設定桃太郎在宇宙曆二〇〇〇年時開始了他的宇宙旅行。桃太郎預計在五年後的二〇〇五年回來，但留在行星上的金太郎卻一直到二〇三〇年時才等到桃太郎回來。從相對論來看，這是完全合理的情況。

以下我們會用到哆啦A夢的一個道具，那就是每個人都知道的「任意門」。如果我們使任意門一邊開口於金太郎所在的行星，另一邊開口在桃太郎所搭乘的太空船，然後讓桃太郎進行和前面相同的宇宙旅行的話，會發生什麼事呢？在桃太郎旅行時的五年內，桃太郎隨時都可以藉由任意門，與留在行星上的金太郎見面。

接著五年後，太空船回到原本的行星。這時，太空船內的時

*7 這本書是我在高中二年級時，和高中的物理老師提到我對宇宙有興趣時，老師推薦給我的書。這是我所閱讀的第一本宇宙物理學專業書籍，也是我成為天文學家的契機。

*8 哆啦A夢的世界中，他們的時光機甚至可以回到恐龍的時代，故這個時光機應該是用其他方法製作而成的。

鐘顯示時間為宇宙曆二〇〇五年，而從太空船內的任意門穿過，也會來到二〇〇五年的行星，那裡也有著二十五歲的金太郎。為什麼呢？因為太空船與金太郎所在的行星藉由任意門相連著，所以兩邊的時間流速應該相等。

但請回想一下，太空船是以接近光速的速度前進，故太空船回到行星時，行星上的時間已經是二〇三〇年，也就是說，那裡有著五十歲的金太郎。如此一來，宇宙曆二〇三〇年時，五十歲的金太郎只要進入桃太郎回來後的太空船，穿過太空船內的任意門後，便能夠前往宇宙曆二〇〇五年的世界。換言之，金太郎可以進行時空旅行，回到二十五年前的過去（圖6-4）。

用這種方法製作而成的時光機，確實可以讓人回到過去。但這種時光機最早只能回到第一個時光機製作出來的時代，沒辦法回到比這更早的時代。這樣的話，「因為人類歷史上不曾出現過來自未來的時空旅行者，所以時光機不可能實現」這樣的說法就不能當作理由了。亦即，未來我們仍有可能發明出能回到過去的時光機[*8]。不過，這種時光機仍然無法讓我們參加霍金博士的派對，也無法讓我們親眼看到織田信長，還是讓人覺得有點可惜。

乍看之下，這種方法似乎可以用來製作能回到過去的時光機。但整個過程中還有

圖6-4 時光機的製作方法

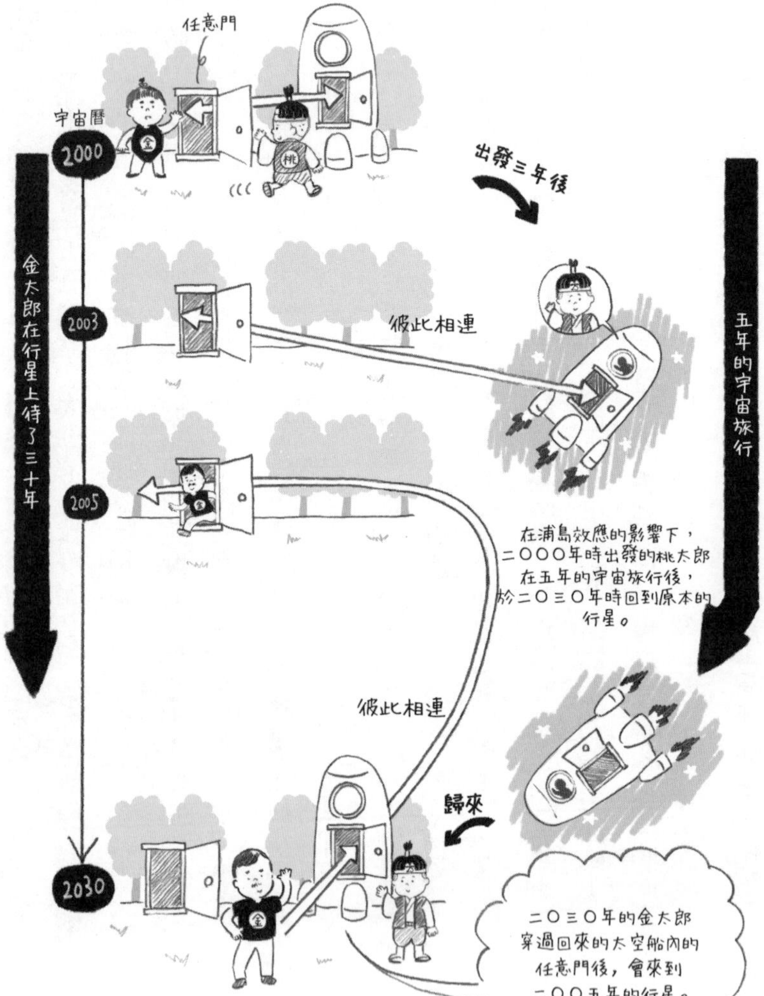

一大難關。沒錯，就是任意門。這種方法中，必須藉由任意門連接兩個地點，並讓其中一個地點以接近光速的速度移動，藉此產生浦島效應，才能製造出時光機。

但問題並不在時光機，而是在「我們做得出任意門嗎？」。像任意門這種可以將兩個地點連接起來的隧道結構，在物理學上稱為「**蟲洞**」。

簡單來說，蟲洞就是像圖6-5般，可以讓宇宙空間中距離遙遠的兩個點彼此相連的通道。如圖6-5所示，將二維空間的平面宇宙置於三維空間中扭曲，便可使宇宙中距離遙遠的兩個地點透過蟲洞彼此相連。實際的宇宙是三維空間，所以不太容易想像，但如果將三維空間的宇宙置於四維空間中扭曲，應該也可以讓距離遙遠的兩個地點透過蟲洞彼此相連才對。

蟲洞在理論上可能存在，但目前尚未確認蟲洞是否實際存在。另外就算蟲洞真的存在，我們能不能製作出一個足以讓人通過的蟲洞？我們能不能讓蟲洞的其中一個開口以接近光速的速度移動？要實現時光機，待解決的問題還有很多。

以結果來說，我們仍不確定回到過去的時光機是否真的可行。雖然前面提到的方法，必須在某些假設成立的情況下才可能實行，但是至少指出了時光機的製造仍有其可能性。

圖6-5 蟲洞示意圖

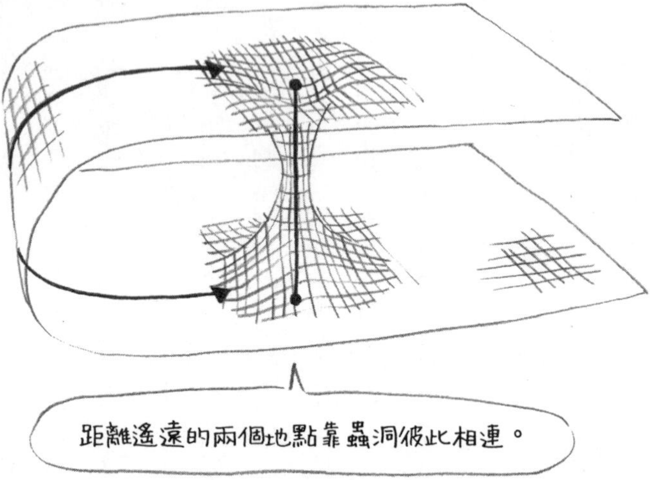

這個方法是否真的能實現？有沒有其他更好的方法？或者能不能證明時光機其實不可能成真？我們只能靜待未來的研究來回答這些問題。

不過有一點不能忘記的是，現在的我們毫無疑問地正朝著未來進行時空旅行。而且，至少在我們生活的這個年代中，應該還發明不出時光機，所以我們擁有的現在僅此一次。我們應該要好好度過這僅此一次的時光才行。

要是你有一個時光機的話，你想去哪個時代呢？

為什麼沒辦法回到過去呢？

我們還不曉得為什麼時間是從過去到未來的單行道。即使每個粒子之間的運動在倒轉播放後仍會遵從物理定律，但如果有一大堆粒子的話，則會依循「亂度（熵）」必定會增加的定律。一般認為這就是時間流動的方向。

有沒有方法可以知道過去發生的事呢？

天文觀測中看向遠方時，就是在看著過去。位於1億光年的星系所發出的光，需要耗時一億年才能抵達我們的眼中。因此，透過天文觀測，我們就能夠直接觀察宇宙過去的樣子並進行研究。

該如何前往未來呢？

相對論告訴我們，當物體的移動速度接近光速，或者物體位於黑洞周圍等重力很強的地方時，該物體的時間會過得比較慢。我們可以利用這種現象前往未來（浦島效應）。

真的沒辦法回到過去嗎？

有人認為，因為回到過去會使歷史產生矛盾，所以我們無法回到過去。另一方面，也有人認為就算回到過去也無法改變歷史，或者回到過去時會使世界分裂成平行世界，所以回到過去的時空旅行並非完全不可能。

老師的提問

該如何製作時光機呢？

有人提出，若讓蟲洞（類似任意門的東西）的一個開口以接近光速的速度移動，或許便可以製作出時光機。但我們至今仍無法確定蟲洞是否真的存在，包括這個問題在內，時光機的實現還有許多問題待解決。

後記

感謝你閱讀到最後。如果閱讀本書之後，能讓你對宇宙與科學產生一些興趣的話，對身為作者的我來說，將會是一件令人再開心不過的事。

本書是我的第二本與宇宙相關的大眾書籍。前作《宇宙為什麼很「暗」呢？奧伯斯悖論與宇宙的樣貌》（Beret出版，2017）中，以「要是這個宇宙中有無數顆星星的話，為什麼星光沒辦法讓夜空像白天一樣亮呢？」這個問題，也就是「奧伯斯悖論」為主題，說明了宇宙的樣貌。書中介紹了許多與宇宙有關的內容並進行解說，不過基本上仍圍繞著書的主題「奧伯斯悖論」，以解謎的風格解說這個「又窄又深」的宇宙領域。

當時坊間已有許多和宇宙相關的優良大眾書籍，和我的研究主題「奧伯斯悖論」有關的書籍卻不多。於是，這個對於大眾來說有意外性，又很有話題性的有趣主題，就成了尚未拿出像樣的研究成果、還是年輕研究者的我在出書時可以發揮的領域。就像是試著投出勉強有擦到好球帶的變化球一樣。這本書是我第一本出版的書籍，那時候的我只想盡全力完成這本書，完全沒想到這麼快就有了出第二本書的機會。

讀了我的第一本書的大和書房長谷川勝也先生，詢問我有沒有意願寫第二本書。他給我的方向就是像本書這樣，「提出連小學生都想得到的各種單純問題，再由天文學家回答的宇宙相關大眾書籍」。和第一本書剛好相反，這是一本「又廣又淺」的宇宙相關書籍。坊間已有許多類似題材的優良書籍，這也表示我要和這些書籍正面對決，就像是將直球投向好球帶正中央一樣。這是我在寫第一本書時想要極力避免的方向。不過，如果有人在實際讀過第一本的「變化球」之後，問我接下來要不要寫看看「正中紅心的直球」的話，我也開始覺得或許可以試著挑戰看看。即使如此，為了讓本書更有賣點，我還是編入了「尋找外星生命」、「時光機」等類似書籍不大會涉及的主題。

完成本書的初稿後，吉田沙蘭、渡部知美、日野太陽、高橋一法、丸山美帆子、本間寬人等人，在閱讀過原稿後給了我許多很有幫助的意見。另外，有松亘、大西浩次等人則提供了許多照片給本書使用，在此表示謝意。不過，要是本書有任何錯誤的話，皆為作者本人的責任。最後，也要感謝給我寫作本書的機會，並誠摯回應我的要求的大和書房長谷川勝也先生。

平成最後的（新曆）七夕

寫於雨過天晴的神戶機場

津村耕司

参考文献

《宇宙生命論》海部宣男、星元紀、丸山茂徳／編輯　東京大学出版会　2015

《宇宙創成》サイモン・シン／著，青木薫／譯　新潮社　2009

《宇宙に命はあるのか　人類が旅した一千億分の八》小野雅裕　SB新書　2018

《宇宙はなぜ「暗い」のか？》津村耕司　ベレ出版　2017

《図解雑学　タイムマシンと時空の科学》真貝寿明　ナツメ社　2011

《天文の世界史》廣瀬匠　インターナショナル新書　2017

《ブラックホールと時空の歪み―アインシュタインのとんでもない遺産》キップ・ソーン／著，林一、塚原周信／譯　白揚社　1997

《星が「死ぬ」とはどういうことか　よくわかる超新星爆発》田中雅臣　ベレ出版　2015

《星の古記録》斉藤国治　岩波新書　1982

〔作者介紹〕

津村耕司

Tsumura Kohji

東北大學尖端跨領域科學前線研究所助理教授、天文學家、博士（理學）。

1982年出生於神戶，2005年畢業於東北大學理學部宇宙地球物理學科（天文），2010年東京大學理學系研究所天文學專攻博士畢業。過去曾任職於宇宙航空研究開發機構（JAXA）、宇宙科學研究所（ISAS）、宇宙航空計畫研究員等。

自研究生時代起，便曾在JAXA／ISAS等機構參與火箭實驗CIBER計畫，以紅外線天文衛星「Akari」觀測宇宙紅外線背景輻射（紅外線下的宇宙亮度）並進行研究。CIBER計畫成功後，於2014年9月獲得了NASA Group Achievement Award獎。目前致力於太空科學的普及、教育活動。

著作包括《宇宙はなぜ「暗い」のか? オルバースのパラドックスと宇宙の姿》（Beret出版，2017）、《百科繚覧 Vol.1—若手研究者が挑む学際フロンティア》（東北大學出版會，2018，共著・編輯）。

TENMONGAKUSHA NI SOBOKU NA GIMON WO
BUTSUKETARA UCHUKAGAKU NO SAISENTAN
MADE WAKATTA HANASHI

Originally published in Japan in 2018 by DAIWA SHOBO CO.,LTD.
Chinese translation rights arranged through TOHAN CORPORATION, TOKYO.

天文學家的超有趣宇宙教室

回答孩子的30個單純問題，
就能知道太空科學的最新知識

2020 年 2 月 1 日初版第一刷發行

作　　者　津村耕司
譯　　者　陳朕疆
特約編輯　賴思妤
編　　輯　邱千容
發 行 人　南部裕
發 行 所　台灣東販股份有限公司
＜地址＞台北市南京東路四段 130 號 2F-1
＜電話＞(02)2577-8878
＜傳真＞(02)2577-8896
＜網址＞www.tohan.com.tw
郵撥帳號　1405049-4
法律顧問　蕭雄淋律師
總 經 銷　聯合發行股份有限公司
＜電話＞(02)2917-8022

國家圖書館出版品預行編目資料

天文學家的超有趣宇宙教室：回答孩子的30個單純問題，就能知道太空科學的最新知識 / 津村耕司著；陳朕疆譯. -- 初版. -- 臺北市：臺灣東販, 2020.02
224面;14.7×21公分
ISBN 978-986-511-252-3(平裝)

1.天文學 2.太空科學 3.問題集

320.22　　108022670